U0044194

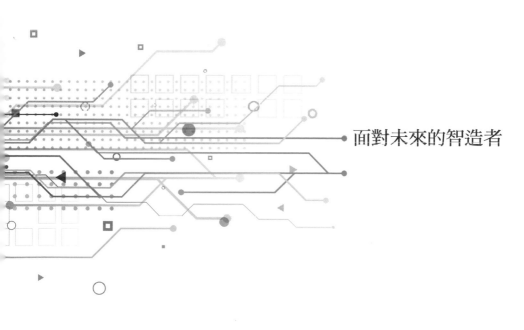

面對未來的智造者

面對未來
的智造者

工業4.0的困惑
與下一波製造業再興

劉仁傑（Ren-Jye Liu）吳銀澤（Eun-Teak Oh）巫茂熾（Mao-Chih Wu）
邱創鈞（Chuang-Chun Chiou）桑原喜代和（Kiyokazu Kuwabara）

■ 合著

精實智慧製造的主軸

卓永財

上銀集團總裁

　　東海大學劉仁傑教授以豐田汽車的生產體系為本，長期以來致力於研究TPS精實生產系統，並積極推展精實製造的概念，對中部工具機產業的發展具有很大的貢獻。他連續28年開授TPS課程，並長期關注台灣的工具機及零組件產業，積極推動產學合作，以其深厚的學術造詣觀察產業的弱點、再以豐富的實務經驗協助產業推動生產革新；更為產黨界培育工業管理人才，如此長期的投入與豐碩的結果著實令人敬佩。

　　尤其是這十多年來，台灣的大學瘋狂的追求SCI（或SSCI）論文的量，以獲取學位、升等，以及政府的科技計畫，甚或政府對大學院校的補助，也率多以SCI論文數做為KPI；這種情況對於需要持續投入實做、測試、驗證的機械工業極為不利。劉教授能不盲目追求這種論文競賽，仍能孜孜不倦持續投

入製造業精實生產系統的研究與推廣，對中部的產業而言，可以說是「空谷足音」。

　為了產業的發展與填補產學的乖離，2012 年我擔任工具機暨零組件工業同業公會理事長期間，特別邀請劉仁傑教授在《MA工具機與零組件雜誌》開闢〈東海精實〉專欄，以劉教授為首，另有吳銀澤、巫茂熾、邱創鈞與桑原喜代和，共五位作者輪流執筆，以精實、智慧製造為關鍵字，撰寫專欄文章。這期間歷經的產業變革約莫和台灣推動工業 4.0 的時程相近，因此本書的特色就是以「精實智慧製造」為主軸，再將精選的專欄文章融會成冊。

　本書的出版提供了台灣製造業轉型升級所亟需的概念與實務，對於當前中美貿易大戰所引發的產業板塊移動及企業急欲投入的智慧製造會有很大的助益。

2018.09.19

手搖杯企業的新智慧製造

嚴瑞雄

東台精機股份有限公司 董事長、臺灣區工具機暨零組件工業同業公會 理事長

　　2018年隨著人工智慧的科技演變與「中美貿易戰」的方興未艾，整個世界工廠正進行大移轉，讓全球產能出走中國，回流美日先進國家的新製造經濟革命正在發生。製造業者面對未來的變化雖然充滿焦急期待，卻也困惑於工業4.0的飄渺，若想成為真正的「智造者」，本書作者群提供了長期研究的新觀點——「智慧精實製造」的解答，書中的文章曾陸續發表於《MA工具機與零組件雜誌》，如今應工具機暨零組件工業同業公會邀請，以期能嘉惠更多的台灣製造同業，特別集結成本書，可以讓讀者更有系統的融會貫通與未來實踐依循。

　　過去的台灣企業以代工、量產製造創造台灣奇蹟，但面對全世界消費市場在網路普及化下，逐漸轉變為強調少量多樣，或甚至客制化量產，就如同個人常常比喻的「台灣的手搖飲料很厲害，每個客人要的

都不一樣，多冰、少冰、少糖、多糖，茶葉組合有幾千種，沒有先做了放著賣，都是一杯一杯現做的，那是台灣最漂亮的工業4.0概念，也如同本書所提的唯一不敗的王道——是以確立顧客價值典範，實踐顧客價值為最高準則。物聯網、大數據AI分析的智慧工廠在實踐的初期就是要決定體現那些顧客價值，讓目的明確化後，才會實現有靈魂的智慧製造。

當製造業變成實踐客戶價值的手搖杯企業時，如何彈性製造第一次就做好、避免生產出不良品、人機協同運作、預兆式保全、提供客戶無憂的生產環境等就成為智慧製造的重要議題。為了達成這樣的願景，不管德國工業4.0或美國的數位製造或本書所提的精實智慧智造都是以CPS（Cyber Physical System）為核心，或另一說法稱為Digital Twin，將實體系統與網宇系統完全整合，交互作用，成為解決方案平台。感測器、物聯網、大數據、人工智慧等技術手段也是為了這個重要目的。

與工業4.0的不同，精實智慧智造強調日式精實系統思考方式，關注顧客的經驗或感知的製造服務化，從實體系統出發，持續不斷的改善與學習，其次是網宇系統的虛擬世界，運用ICT技術處理實體

系統所收集來的資料，並從資料分析的結果指陳工廠、機械、顧客等的各種問題，並提出解決問題的方法。第一個解決方案平台放在實體系統，由數位化、連結化與智慧化等三個要素所組成，有效解決在生產、開發與營業上的各種問題。第二個解決方案平台則聚焦在網宇系統上的策略性共創，有效整合顧客、研發資源和供應商形成跨企業聯盟，達成整體生態系統的創新。

本書中不同的觀點能提供台灣廠商在全新的工業革命潮流中不斷的省思，什麼是顧客要的價值？什麼是最適合我們手搖杯企業能發展的智慧製造？面對工業4.0與人工智慧浪潮，除了跟風外，台灣能否編織一個恰恰屬於自己的未來製造夢想，擘劃那一個台灣製造者的桃花源，讓我們一起勇敢做夢，也共同努力築夢踏實！

目錄

序

產業的疑惑
與精實智慧製造的解答

劉仁傑、吳銀澤

1990年以後，製造業逐漸移往中國，而到了2010年則出現製造回流原投資國（Reshoring）的新動向。近年來伴隨著ICT技術的發展，世界各國的製造業為了保持自身的競爭優勢，紛紛打出各自的創新策略。

2011年，德國吹起了名曲「工業4.0」之後，美國的「先進製造夥伴計畫」、日本的「產業復興計畫」、中國的「製造2025」、韓國的「製造創新3.0」、以及台灣的「生產力4.0」或「智慧機械」，製造了各類型的創新策略論述，並蔚為全球風潮。其中，以「物聯網」為中心的智慧工廠，結合人工智慧應用和大數據分析的資源開發，部份大企業展示了智慧科技應用的驚人進展，舉世注目。

然而，歷經七年，工業4.0風潮出現了不和諧的聲音。從總體面看，為確保國內工業的競爭主導地

位，各國政府的策略意圖不同，以及每個國家的製造發展脈絡與基礎設施也不相同，這種新技術並不會普遍適用於所有的產業。從個體面，在政府鼓吹下積極摸索投資的製造企業現場，卻因為無法取得相對的價值而苦惱不已。即使是工業4.0大國的德國，共同平台顯然無助於維持企業間的差異，政府透過政策的鼓吹，顯然沒有廣泛滲透到產業和企業現場。

工業4.0的困惑與轉機

美國知名的調研企業Gartner會定期發表的「技術成熟度指標」，說明了被大眾接受的技術，經過黎明期之後，都會被過度期待而進入泡沫期，並且在泡沫崩解之後才在產業社會真正得到啟蒙與安定發展。圖1即是Gartner 在2017年12月所發佈的曲線，上面包括了與工業4.0相關的4群技術的位置。其中與製造企業現場應用息息相關的IoT、OT與IT整合、雲端應用，正急速崩解，這與我們執筆本書所觀察到的工業4.0風潮走向泡沫化的觀點，不謀而合。

儘管德國成功地獲取了未來製造的話語權，但現在的德國，除了官製平台與官製案例之外，企業對工業4.0關心度已急速下降。相反的，美國與中國的網路平台企業在「網宇系統」（Cyber System）上卻取得

了快速進展。韓國則從擺脫對人依賴的資訊化、數位
化與系統化上取得了進展。日本則在「實體系統」
（Physical System）上延伸現場主義的傳統精神，對AI
與IoT採取了漸進調適的平實思維。

　　相對而言，台灣在政策強烈推動之下，企業對工
業4.0的關心度升高，但是實質導入效果卻乏善可陳。
本書將秉持事實，亦即「豐田學」主張的「三現」，從
現地、現物的實際觀察出發，思考符合台灣現實的解
決方案。我們不討好這幾年熱中推動的產、官、學、
研，就是因為相信「危機就是轉機」，擁有強烈的危機

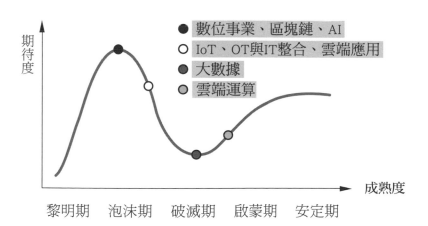

圖1 The Gartner Hype Cycle（2017年12月）
資料來源：整理自 Gartner 日本公司2017年12月發表資料

意識，才能徹底省思無法創造價值的本質，並轉為製造創新的可持續力量。

如同過去的網路熱潮一般，現在的工業4.0風潮終將過去。這意味著，本書所主張的「精實智慧製造」，亦即從顧客價值創造探討台灣製造業推動製造創新的時機，已經成熟。

精實才能實踐顧客價值

以台灣工具機產業為例，經過長年的發展，整機企業、零組件企業和模組企業之間，呈現了開放式合作系統。最近20年，從製造流程導入精實系統出發，取得了一定的成績，最近朝向產品開發與營業部門邁進，試圖透過產品差異化與客製化的精實推動，維持其國際競爭力。

換句話說，製造流程的「為後製程製造」與「配套供料」，就是一種顧客價值的實現。而從既有以性價比取勝的低附加價值導向，轉向重視顧客價值的高附加價值產品，則是從製造邁向創造的一項質變。除產品性能本身以外的服務，以及關注顧客的經驗或感知的製造服務化，蔚為趨勢。源自日本的精實系統思考方式，雖然也廣泛適用於中國與韓國等企業，如同豐田集團所驗證，台灣被譽為三個最適合推動TPS的3T

〈台灣、泰國與土耳其〉之首。精實系統在台灣企業的應用，以及結合智慧化的發展潛力，特別值得關注。

帶動製造革新的智慧製造是一個藉由工廠的實體系統和網宇系統的交互作用，對應個別顧客需求的自律性工廠，由三個領域所組成。（圖2）

首先是實體系統的領域。它是一個人們執行定型化和非定型化工作的同時，結合苟日新、日日新的改善與學習，最終提供顧客產品和服務的實體世界。依

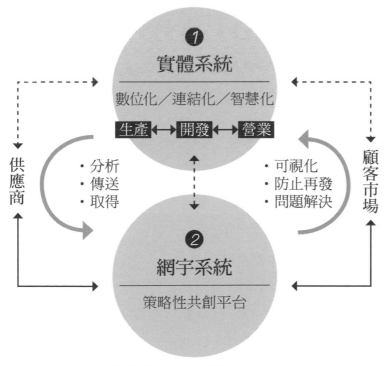

圖2 精實智慧製造的架構與解決方案平台

靠自動化可以取得短期的利潤，製造現場因而停止進步卻是長期的損失。

第二是網宇系統的領域。它是一個虛擬世界，運用ICT技術按照常規做邏輯性的分析，處理實體系統所收集來的資料，並從資料分析的結果指陳工廠、機械、顧客等的各種問題，並提出解決問題的方法。

精實智慧製造的兩個平台

第三是解決方案平台，是為了要讓整體系統有效營運而建立。解決方案平台首先要支援工廠數位化、統整化，進行資訊的收集、儲存和分析工作，使工廠能夠自主運行。但是，基於人的感情和物性設備的條件時時刻刻都在變化，實體系統和網宇系統間的相互作用也就格外顯得重要。網宇系統的問題解決品質也常受到實體系統的左右，為了讓網宇系統有效發揮作用，實體系統的改善和學習能力尤其不可或缺，這正是用精實讓智慧工廠實踐價值的關鍵。

若將工業4.0熱潮減退，特別是智慧製造技術投資效能不確定等納入考量，精實智慧製造不能過度依賴網宇系統，而是要多將重點放在持續改善實體系統和組織學習能力，並導入最適合的網宇系統。實體系統的製造現場擁有豐富的知識和經驗，這是長時間累

積下來的組織慣例，不僅支持網宇系統的解決問題能力，精實思維也有助於網宇系統的運行。

因此，精實智慧製造的第一個解決方案平台放在實體系統，由數位化、連結化與智慧化等三個要素所組成。精實數位化是利用感測器和終端機，有效準確地數字化設備、人員和顧客的經驗知識。精實連結化是利用通訊網路連結顧客資訊，共有組織能力。最後的精實智慧化則是因應市場和顧客需求的企業整體能力，包括將工匠的技能轉成現場確認的數據，自主靈活地調適和解決各種問題等。

精實智慧製造的第二個解決方案平台則聚焦在策略性共創。精實智慧製造不僅是一個可以靈活應對個別顧客需求QDC的拉式系統，也是一個能與其他企業形成差異化的泉源所在。擅長網宇系統的谷歌、亞馬遜、阿里巴巴、騰訊等平台廠商，應該不是只能扼殺製造企業的差異化、助長商品的大眾化（Commoditization）。網宇系統無遠弗屆所展現的開放創新平台，也有機會協助本書提及的跨企業聯盟，共同建立策略性共創平台，有效整合顧客、研發資源和供應商，由具備差異化優勢的智慧工廠，運用智慧物流交貨到顧客手上，實踐共創共贏。這正是我們心目中的生態系統創新。

總體而言，精實智慧製造包括了三個要素，亦即實體系統和網宇系統間的相互作用，企業與顧客市場、供應商間的相互作用，以及前述兩個層次的解決方案平台。本書主張發展能夠活用產業暨個別企業差異化優勢的精實智慧製造，務實地從實體系統的智慧工廠平台建立出發，漸進地延伸到網宇系統的策略性共創平台。

本書的構成

本書由三個國籍的五位作者共同執筆，全書分為五輯。

第一輯檢視全球製造回流趨勢與台灣當前困境，相信危機就是轉機，有利於確立顧客價值典範。同時，從顧客價值創造觀點探討生產財、現場創新、TPS的可持續學習發展、生產技術等製造產業的基礎議題。

第二輯探討變革的心法，特別是跨越時間空間與分工的疆界。我們檢視工具機業變革的老幹新枝與組織變革，探討台灣產業相對薄弱的營業創新與生產技術升級，以及饒富啟發的跨企業聯盟M-Team與韓國汽車精實變革。

第三輯剖析精實智慧製造的內涵與共創系統。從

迎接工業4.0智慧製造的挑戰做引言，解析本書核心概念精實智慧製造的共創與子系統。同時，也檢視了日本、美國與韓國的物聯網應用與精實智慧工廠。

　　第四輯帶領讀者進入精實智慧製造實踐的最前線。包括台灣精實智慧製造現場、客製產品的協同製造，以及如何用BOM貫穿精實智慧製造變革。同時，也收錄了包括從產品演化過程談智慧製造成功要素、從精實設計到智慧製造應用，以及精實智慧製造的Lean 6sigma等熱門文章。

　　第五輯他山之石，分別探討了日本、韓國、德國、美國與中國大陸等五個工業國的智慧製造變革。相對於日本用豐田汽車、中國大陸用海爾的典範個案論述，韓國聚焦在數位化與連結化；德國著眼於工業4.0的構想、現況與實踐意涵；世界最大經濟體美國則以重返製造做為主軸，檢視其如何發展出豐富的智慧製造生態系統。

第

1

輯

唯一不敗
的王道

確立顧客價值典範

本輯將回顧近年全球製造「回流」的趨勢與台灣製造業當前主要挑戰。

在永不止息的全球產業競爭中，我們認為面向未來的智慧製造本質已昭然若揭──誰能更接近顧客價值，並以此驅動產能與技術的決策，才會是最終的勝出者。因此，由顧客價值創造觀點探討製造產業的基礎議題與個案，將是以下五章的核心關注。

全球製造回流趨勢與台灣產業發展

　　中國大陸沿海地區的經營環境劇變、美國國內的社會期待，引發製造業回流美國風潮。更宏觀的說，一個世界工廠大移轉的新趨勢，宣告啟動。不一樣的是，這一次不再只是朝向薪資更低的新興工業國移動，一股朝向先進國或原投資國的「製造回流（reshoring）」、工業革命後最大規模的世界工廠移轉，正如火如荼地展開。

　　2014年秋天出版的著作《世界工廠大移轉》（大寫），被認為是鴻海科技美國投資的回響作品。當時我們揭櫫的製造回流、顧客價值與精實製造，正搭配智慧製造熱潮，方興未艾。全球台商企業與台灣產業，面臨製造產業價值創造模式的全新挑戰。

過去的成功不一定能指出未來的方向

　　本書作者之一劉仁傑在一次接受《天下》雜誌的專訪中指出，鴻海經營夏普一年，繳出了漂亮的成績單；投資美國百億，也展現史無前例的雄心。然而過去的成功，並不能指出未來的方向。

　　鴻海經營夏普一年，用擅長的決策速度與成本管控手法，繳出了漂亮的成績單。包括：反虧為盈時程從當初的

二至四年提前到一年、股價翻漲四倍。而投資美國更厲害，不僅史無前例在白宮由美國總統陪同召開記者會，同時爭取到威斯康辛州30億美元的減稅優惠。

然而，檢視這兩項先馳得點背後的營運模式，都似曾相識，基本上可以說是鴻海集團的傳統成功模式，獨佔2016年中國大陸貿易總額3.6％的關鍵密碼。

但過去的成功不一定能指出未來的方向。從台灣到中國大陸的新興工業國代工模式，邁向在日本取得知名品牌並延伸投資美國的先進國市場確保模式，正說明鴻海集團面臨著非常嚴峻的典範變革挑戰。

到目前為止，鴻海集團的最大優勢不是技術先進，也不是顧客青睞，而是在技術逐漸成熟之後，產品或製程服務的「高性價比」（Cost Performance）。性價比典範是指具備相對於競爭對手的成本競爭力，公認是鴻海強大競爭力的泉源。

然而，鴻海的競爭對手正用同樣的競爭思維，直接抄襲解決方案，使用已開發素材、零組件，將資源全力投資在性能改善並提升競爭力。2016年鴻海面臨上市25年來的首次衰退，說明了這個冷酷事實。

與此同時，台灣工具機企業在大陸的榮光與憂愁，卻暫時找不到出口。1995年前後，在台商的主導下，大陸已取代台灣，成為世界「砲塔型銑床」最大生產基地。長江三角洲的群棲群移，在立式綜合加工機開花結果。FEELER、LITZ、

CAMPRO、WINNER等品牌深入大陸各行各業,並在2011年達到最高峰。其中杭州友佳(FEELER)年產量達到3,229台(不含台灣進口),居中國第一,在全球傳為美談。

台商憂愁與東方瑞士

到了2014年7月,我們對長江三角洲六家工具機企業的考察卻發現,每月出貨總台數平均只有全盛期(2011年)的30%,全面呈現了度小月的苦境。相對於2011年的標準機高峰,2017年杭州友佳接單即使已經全面回升,客製機種卻高達75%。

其中,有兩件事特別值得持續觀察。第一,標準機降價無助於銷售。以立式綜合加工機800系列為例,一家品牌推出了下殺到25萬人民幣的機種,卻尚未顯示策略奏效。第二,客製或turn key訂單雖然具有相對優勢,但是卻面對兩大殘酷課題:如何賣到期待價格?如何準時交貨?

經過25年的耕耘,以CNC工具機生產台數的觀點來看,台商工具機總產量在走過高峰後,估計已經回到台灣數控工具機總數量的20%。這個過程說明了,工具機具有扎根當地的特質,投資大陸具有接近市場的練兵意義,只有具備規模的少數企業能夠在兩岸同步發展。我們認為,包括CNC車床與磨床等特殊工具機,以及可以同時服務兩岸的工具機關鍵零組件,台灣本身仍然有非常大的發展空間。

台灣是全球公認最適合從事高階製造的國家之一；工具機又被稱為「工作母機」，被認為是反映一個國家製造質量最重要的產業。無獨有偶，我們用人均工具機產值（見下表），發現瑞士獨占鰲頭，台灣緊追在後，領先德國與日本。聚焦工具機產業人均產值，台灣是名副其實的東方瑞士。

表：全球人均工具機產值TOP10 (2012)			
國家	產值 (百萬美元)	人口 (千人)	人均產值 (美元)
瑞士	3199.3	7,604	420.7
台灣	5430.0	22,974	236.4
德國	13622.9	82,329	165.5
日本	18252.9	127,078	143.6
奧地利	1032.0	8,215	125.6
韓國	5705.0	48,508	117.6
義大利	5667.7	58,126	97.5
捷克	728.4	10,211	71.3
芬蘭	185.1	5,250	35.3
比利時	296.9	10,414	28.5

資料來源：劉仁傑、陳國民，《世界工廠大移轉》，大寫出版，2014年，頁22。

工具機是典型的資本型生產財，是汽車、機車、建設機械、手機、PC等高附加價值機器，生產過程中不可或缺的機器。同時，台灣工具機產業是極少數沒有依賴國外技術，結合台灣產業社會特質，發展成具有國際競爭力的本土產業。從這個觀點，思考全球製造產能出走中國之後，特別是高附加價值產品的生產基地，台灣沒有理由缺席。

　　我們強烈認為，搭上全球製造回流的新製造經濟，並進行徹底的製造觀念與能力變革，有機會讓台灣與美日同步，共同競逐新型態的製造附加價值。從造物管理的本質觀察，全球製造回流是繼福特T型車，也就是追求以分工為基礎的規模型製造經濟之後，最具歷史意義的變遷。

全球製造回流＝顧客價值＋精實智慧製造

　　在先進國或原投資國從事製造的第一個條件，聚焦的不是生產流程成本，而是顧客價值創造。顧客價值是指支持顧客需求或解決顧客困擾，反映在能夠持續支持高獲利的高售價。一般而言，包括聚焦在提供特定顧客要求價值的聚焦策略、以附屬服務或互補產品綁住顧客的綑綁策略，以及塑造忠誠顧客、讓高價格不成為障礙的品牌策略。持續高獲利的強固型筆電、高階自行車、空調、特殊工具機企業，都可以找到一個或兩個策略特質。他們的特色是多樣少量，因此尋求供應商高度重視品質與交期，追求具有顧客魅力

的附加價值。

　　製造回流的第二個條件是實踐精實製造。豐田汽車宣稱，將維持日本國內300萬輛的生產體制，其中50％的外銷規劃，代表必須在海外市場競爭中勝出。豐田汽車生產本部長牟田弘文說出了日本據點的兩大意義。第一，日本工廠是生產活動的中心，有好的方法可立即進行「橫向展開」，向全球據點普及。第二，正因為國外據點人工成本不同，日本工廠需要強烈的危機意識，這正是經常保持領先的精神基礎。

　　無獨有偶，台灣的國瑞汽車也在生產與外銷屢創新高，生產技術與效率領先其他豐田海外據點。台灣學習精實系統能力知名全球，被豐田汽車評為三個最適合推動TPS的國家之首，亦即包括台灣、泰國與土耳其（3T）。製造現場獨樹一幟的母子車換模、無動力自動化與問題解決模式，不僅是國際豐田學的精采個案，被認為是台灣人在造物能力上極少數能與日本人並駕齊驅的證據。國瑞汽車近年汽車外銷比率超過40％，與在全球市場從來就沒有缺席的台灣汽車零組件企業群，相得益彰。

　　第三個條件是達成顧客價值與消除浪費的追求可持續經營過程，善於活用科技。IoT、AI與智慧機械方興未艾，智慧製造被視為最具潛力的應用領域之一。智慧機械反映了本身透過取得、傳送與分析資料，促使本身進化，持續

改善實體系統、提升顧客價值的能力。正因為需要建置成本，做為支持前述兩項目的的手段，不要過度期待、好高騖遠，堅持循序漸進、循環運用，才是明智作法。

迎接台灣製造的再興

如前所述，工具機人均產值僅次於瑞士，排名世界第二，被全球公認是具備發展潛力的本土產業。同時，台灣已經成為全球高級自行車、高級 PC、晶圓代工的最大生產基地；在全球的電機電子、鞋類、成衣，以代工製造為中心，在長期海外佈局之後，正逐漸顯現回流台灣之潛力。許多案例顯示，結合台灣產業脈絡的新製造經濟，已經浮現；他們在揚棄成本降低型的「數量型製造模式」，挑戰價值創造型的「質量型製造模式」，較之美日先進企業，不遑多讓。

因此，全球製造回流就是迎接抹去成本疆界的時代，只有同時兼顧顧客價值與精實變革，才能一舉達成。製造經濟重新抬頭，擁抱高階製造工廠成為風潮。我們的系列研究與實地考察顯示，台灣製造再興來自三個面向。

第一，堅持顧客式製造經濟。顧客式製造經濟是一項「意識改革」，顧客是永遠的價值創造者。產品功能已經不能反映其價值，洞察顧客的感知、使用情境、使用過程，才能提供解決方案。

第二，實踐精實智慧製造。顧客式經濟強調達成顧客價值的目的，理解兼具精神文明的精實系統，活用智慧科技達成目的，才能改變價值。精實智慧製造問題不在於如何聰明選擇、能夠做些什麼，而在於如何消除浪費、能夠多麼聰明的創造價值。

　　第三，共感與共創。顧客決定成本與價值，帶動供應鏈上的大移動與大合作。追求納入顧客的共創型新製造經濟、能夠讓供應商與顧客達到共感與共創的互動機制，才能形成「讓競爭者學不到、學不像」的事業系統。

2

翻轉工具機，
洞察生產財的顧客價值創造

有家台灣工具機總經理對我們抱怨，「（現在）客製產品愈來愈多，雖然有助於與大陸企業做產品區隔，但獲利卻愈來愈少⋯⋯。」

近三年來，工具機整機廠接單的客製導向、協力廠商接單的極端多樣少量，都已經屬於常態。我們認為，以節拍組裝與單件流為主軸的精實系統，仍然是因應工具機產業升級的利器。正如同一家推動TPS卓然有成的企業高層所說：「TPS雖然不是萬能，但是如果沒有TPS帶來的穩定流程，我們沒有能力因應此波多樣少量的衝擊。」

別再用匯率相互取暖

匯率問題，特別是日幣升值，持續被工具機業者所憂慮。東海大學精實系統團隊，特別對比了1985年與2015年的台幣與日幣兌美元的匯率，發現這三十年間，台幣升值了18％，日幣卻升值了50％，相差超過30％。也就是說，如果過去三十年台日工具機的國際相對競爭定位不變，日本就贏了台灣30％以上的匯差劣勢。

因此，我經常對工具機的產業領導人或企業經營者談

到，對政府發言反映現況是一項責任。但是，經營者不能沒有志氣。如果將2015年衰退與2017年獲利不佳歸咎於匯率問題相互取暖，就是不求長進、坐失「化危機為轉機」的歷史契機。

我們的呼籲，正激勵著部分工具機企業致力於長期視野的銳意變革。除了深化精實系統推動之外，最讓人振奮的是朝向確立生產技術與顧客價值創造的兩大方向邁進。如果說顧客價值創造是企業存立的基礎，精實系統與生技系統無疑是讓企業持續精進的兩個巨輪。

本文聚焦在顧客價值創造，這個概念來自行銷學（marketing）。基於工具機屬於生產財，在本質上迥異於行銷學教科書中以消費財為主流的論述，價值創造的相關研究相對稀少。

先說結論，從顧客價值的角度，工具機企業不是銷售工具機這項產品，而應該是銷售能夠替顧客達成投資效益的流程，或者更直接的說，是銷售讓顧客立即可以賺錢的 turn key 生產線。

顧客價值創造：從賣產品到賣流程

我們整理消費財、中間財與生產財在本質上的差異（見下頁表），發現生產財具備B2B特質，以營利為購買動機，生產模式與生命週期都獨樹一幟。生產財的顧客價值，短

表：產品間的差異			
	消費財	中間財	生產財
銷售對象	大眾市場	特定組織	特定組織
購買動機	享受	營利	營利
產品生命週期	不可預測	尚可預測	可預測
生產模式	計畫	訂單	訂單
產品更遞原因	流行或偏好	功能替代	投資效益

資料來源：東海大學精實系統團隊

期來自顧客的生產流程，包括生產的效率與品質；長期而言，則來自於對顧客的顧客、或者最終顧客的貢獻程度。至少要洞察到B2B2C或B2B2B，才算是掌握顧客需求，具備對顧客生產流程的提案能力。

顧客價值是指顧客願意支付的價格（WTP：willingness to pay）與實際支付價格（P：price）的差距，差距愈大，顧客價值愈高。企業利潤則為實際支付價格減去成本（C：cost），差額愈大代表利潤愈高。如果用數學式表達，總價值（V：value）是「顧客價值」與「企業獲利」的總和，亦即：

$$V =（WTP\text{-}P）+（P\text{-}C）$$

<u>企業提供的生產財愈能夠解決顧客的痛，顧客願意支付的價格愈高</u>，嚴格說這與機台成本關係不大。2017年夏天，我們專程前往南昌，瞭解具備這樣的特質的成功典範。

　　南昌格特拉克由德國GETRAG集團與江鈴汽車集團於2006年合資，2015年營業額約38億人民幣，2015年隨同德國總公司併入僅次於德國BOSCH、日本DENSO的全球第三大汽車零組件廠、加拿大MAGNA旗下。2016年變速箱總銷售量約100萬台，工人約5千人，是中國最知名的汽車變速器及傳動系統供應廠商。

客製工具機成功典範：南昌格特拉克

　　觀察這整個廠區，機械加工約占70％，組裝區占30％。她們設有由6人組成的精實系統推進室，敦促和搭配各部門的改善工作。組裝部門的單件流、CELL產線；機械加工部門的可視化水準、SOP、各機台留下的加工紀錄表，都讓人印象深刻。整個工廠約有250台設備，歐洲設備超過80％，也看到極少數的日本機台，而兩岸的設備只有台商這兩年賣進來的11台。值得注意的是，這11個由單機組成系統，成群地夾在頂尖歐洲設備之中，十分醒目。

　　一位台商負責的項目經理說，南昌格特拉克的設備採購，硬體品質基本規定就達一百多項。譬如顏色、佔地面

積、防水、節拍、供貨範圍⋯等，屬於搭配廠區與製程的基本要求。而目標產品的流程細節則由設備供應商提出，包括加工方案、OPT⋯等，經雙方討論後定案，具備十分顯著的提案型營業特質。

我們觀察這個由1台車銑複合機與自動化上下料系統組成的客製系統，特徵在自動卸下完成品、自動上胚料、自動加工、自動將完成品移動至卸料架再夾取胚料至待命區，節拍時間約150秒。此案的關鍵客製要求包括：加工自動斷屑能力、全閉式回饋迴路、伺服動力刀塔、自動上下料裝置、自動門系統等。以自動門為例，初期設計從10秒開始，最後達到了4秒，超出顧客期待的8秒。

那位項目經理並說，銷售系統不僅可以迴避賣單機的價格競爭，實質獲利至少增加了十個百分點。他們的最終競爭者是北一Okuma，贏在價格低三成。過去的經驗顯示，如果價格差距低於兩成就有被日本品牌搶走的危機。他得意的說：「（藉這些策略）贏過專業車銑複合機的日本品牌，還取得了足夠的利潤。」

我們在與雙方人員的深入交談過程也發現，項目經理的鍥而不捨令人印象深刻，我們嘗試歸納提案型業務人員的三個條件。

第一，<u>顧客觀點的事業能力</u>。根據客戶產品特質、預算、設備要求等要素，從事業經營觀點，推薦對顧客有利

的方案。

第二，技術解讀能力。客戶提供圖紙、描述加工要點時，第一時間就能夠分辨與回應，取得使用部門的信任。

第三，溝通協調能力。從接洽、提案、簽約、生產，到交機的整個過程，就是部門內外的溝通過程。特別是簽約後，面臨交期延遲，OPT釐清、品質功能不盡完美等問題，要充分理解轉換，凝聚客戶、研發、製造的共識與努力。

跨企業跨產業的橫向展開能力

以上觀察顯示，兼顧顧客價值與本身獲利，具備兩大特質。一個是營業端與顧客的深入互動。理解顧客使用流程才能創造價值，生產財企業與使用顧客的深入互動，真正理解顧客現場需求，才能提出高水準解決方案。另一個是透過企業內部跨部門整合有效實踐客製的目標。營業人員掌握顧客流程上的困擾、切身之痛，帶回企業內部跨部門聯手解決，才是真正達成客製需求。

顧客價值創造的最終關鍵在於跨企業與跨產業的橫向展開。這是生產財真正實踐高獲利的關鍵。不同企業與不同產業的製造現場，一樣存在著類似的困擾。甚至許多企業已經習以為常，並不知道他們的製造現場具備改善潛力。同時，如果每一個問題都要跨部門一起解決，終究無法賺取應有的利潤。因此，橫向展開就是讓解決方案經過標準化之後，活

用在其他企業或產業，達到類似大量客製化的效果。

　　簡言之，與顧客互動關係的深淺，不僅是顧客價值創造的重要思維，如何深淺並重尤其饒富含意。深層互動有效支持學習，理解與解決顧客生產上的實際困擾，才能協助顧客達成產品差異化、與顧客共創價值。然而，組織間關係或產業發展週期都說明，過度依賴單一顧客很難維持高獲利。淺層互動促進橫向展開，亦即將學習成果使用在於新客戶的開拓，以及新事業的發展，充分活用既有的知識累積，發揮對顧客企業的提案能力。

　　總而言之，客製產品是今後台灣工具機企業存立的基礎。從與顧客的深入關係，積極解決客製難題，為工具機企業賺取「勞務型價值」固然重要，鍛鍊跨部門整合能力的知識學習與知識累積，意義尤其重大。放眼未來，將這些本領應用在新客戶或新產業，積極賺取「提案型價值」，才是台灣工具機企業的可持續經營之道。

3

現場創新與顧客價值

在本書筆者劉仁傑教授暨他所屬團隊的前著《世界工廠大移轉》（大寫出版）中，曾引用美、日、台案例，提出「全球製造回流」（Global Reshoring）的三個條件：顧客價值、精實製造與組織間共創，在台灣、大陸與日本引起非常廣泛迴響。

當時有一家日本企業從本書得到Panasonic筆記型電腦與工具機的台日分工最新動向，並邀請劉教授分享台日合作發展方向。大陸一家航太企業經營者則對劉教授說，他透過台商取得這本書，讓他在企業升級方向上得到了啟發。部分國內產業界領導人甚至洞察書中內涵，思考書中提倡的顧客式製造經濟與智能製造或工業4.0的關聯，並在邀請演講中激盪出許多火花。

世界工廠大移轉的機遇和挑戰

歸納《世界工廠大移轉》引伸的重要話題，特別是結合台日兩地社會脈絡、顧客價值與現場創新的精彩案例，可精選以下七項：

● 國瑞汽車生產技術與效率領先其他豐田海外據點，

2014年產量突破20萬輛、外銷達9萬3千輛，產量與外銷雙創新高。

● 台灣自行車產業聯盟A-Team十年間開花結果，2014年獲利創歷史新高，巨大與美利達各賺了一個資本額。

● 大台北地區正成為全球高階NB的最大生產基地，全球第一的B2B的高階NB，也就是Panasonic的ToughBook，正集中在台灣新北市工廠生產，出貨到全球各地。

● 工具機的整機節拍組裝與模組單件流生產，已經不是Amada等日本一流企業的專利，M-Team聯盟成員、崴立機電已經繳出了漂亮的成績單。

● 日本大金空調廠內製程時間（Lead Time），從2003年的68小時降到2013年的5.9小時，現場創新讓大金空調坐穩全球空調霸主。

● 日本小松（Komatsu）從顧客價值出發，先後推出GPS與油電混合機種，大幅超越競爭對手卡特比勒（Caterpillar），中國市場佔有率差距從2001年的4.9%（18.8%對13.9%），拉開到2009年的12.5%（21.2%對8.7%）。

● 許多專家開始注意到：沒有精實流程觀念，沒有結合共創共享精神的企業間關係，物聯網與智能化工廠如何健康發展？會不會變成洪水猛獸？

我們發現，當區域廉價製造中心移轉的同時，原產地

或先前的生產基地,充滿了新的機遇和挑戰。本文特別分享新書出版後的這幾個月,對台灣製造現場的前輩:日本製造企業的第一線觀察,包括訪問了 Shimano、Akebono brake、NEC米澤、Iris Ohyama 等十餘家知名企業,期待能夠帶動更深入的思考。

精實智慧流程:三方受惠

從工業革命帶動大英帝國成為世界工廠開始,經過20世紀前半的美國,中期以後的日本,世紀交替並綿延到2010年代初期的中國大陸,是名副其實的第四個世界工廠。2012年啟動的世界工廠大移轉,不再只是朝向薪資更低的新興工業國移動。全球製造回流趨勢說明,先進國或原投資國的製造發展,在滿足顧客價值上開始有了出色的表現。重視現場流程、可持續經營,不僅僅是維持就業的需求,更可能成為製造企業追求現場創新的關鍵要因。

法國學者皮凱提的暢銷書《21世紀資本論》,從對資本主義的反思點出「自由經濟助長貧富差距」,並引起了全球迴響。這個反思,呼應了重視現場流程與可持續經營的重要性,咸認是製造管理風潮的主流思維。

我們在考察中發現,許多日本企業的製造現場繼續精進流程,近十年生產力提高了二至三倍。生產筆記型電腦的NEC米澤,在併入中國大陸聯想集團之後,精實現場依

然健在，競爭力不輸給聯想的其他生產據點。我們往訪的家具、模具、自行車與汽車零組件企業，不乏相同的例子。

卓越的製造現場，經過長期的忍耐與努力，終於看到了曙光。NEC米澤的經營層說，繼續提供具備足夠顧客價值的產品，讓中、美投資人受惠，同時也讓日本山形縣這個工廠的職工雇用與薪資福利得到保障。製造現場的事實說明，卓越努力的成果一方面反應在縮短製造與研發流程時間的速度競爭能力，另一方面RFID與電子看板所呈現的可視化水準早已具備智慧製造雛形，最後也是最重要的是讓使用客戶、投資人與職工三方受惠。

回想二十年前，薪資僅有日本的5～10%的中國大陸成為世界工廠，加上日幣劇烈升值，讓許多製造企業被迫外移。現在看來，在日本國內是否擁有一流工廠，已經成為競爭力的試金石。薪資拉近、國際匯率變化等客觀事實，提供了有力的論證；而支持精實流程的製造技術、多能工與解決問題能力，更顯示其深層競爭潛力。熟悉製造現場的東京大學藤本隆宏教授，用「黎明前的黑暗」形容當前的情境。我們站在日本企業現場第一線，相當能夠感受到這種樂觀的氛圍。

製造價值來自現場流程差異化

自行車零組件龍頭Shimano（禧瑪諾）投資150億日幣

改建啟用的製造技術中心，被認為是整合跨部門流程的傑作。這五層樓的龐然大物，除了先進設備、自動化科技與綠化工程令人印象深刻外，整個製造流程的高度內製水準，恐怕也是舉世無雙。重視現場流程與可持續經營，顯然是現場創新的基礎，更讓內製水準與產品差異化相得益彰。

為我們導覽的製造部長說，智能化工廠已經在這裡率先實現，重點不在削減人力，而在自製過程所創造的差異化優勢。他指著可停500台自行車的停車場說，Shimano員工有三分之一騎自行車上班，身體健康、樂在工作。他說，表面上日本與海外的技術差異已經很小，但是在微細加工、表面處理等部分日本依然領先。感性帶動獨特know-how，加上精度要求與驅動性能，內製的附加價值非常高，有活力的員工是現場創新的基礎。

Akebono brake是全球剎車器領導廠商，主要客戶包括豐田、日產與通用汽車，在美日兩大市場佔有率超過40%。我們參訪的山形工廠，是設立於1992年的獨立子公司，設立之初即以結合優質人力，提高生產力三倍作為目標。我們觀察從材料投入到產品完成的流程與電腦條碼管理，除了製程時間（Lead Time）縮短的長期改善之外，兼具每一個產品履歷管理，也讓我們印象深刻。後藤孝社長說，Akebono brake堅持「創造顧客的安全與未來」理念，IT是基礎，員工的創意才是關鍵。

Iris Ohyama是日本最大的生活用品企劃開發與製造銷售企業，以從消費者角度開發出受歡迎的商品著稱。過去工廠都設在中國大陸，最近因環境變化，將LED燈具移回日本生產，被認為是製造回流的先鋒企業。大山健太郎總裁最近對《日經商業週刊》說，製造回流是趨勢，關鍵不在於幣值，而在於縮短下單到交貨的時間，具備靈活調適日本市場需求的絕對優勢。

創業初期曾經瀕臨倒閉的大山健太郎經常說：「變化是機會，危機是更大的機會」。中國大陸工資上漲，讓他強化日本工廠；日本家電大廠紛紛出現赤字，讓他剛剛發展的家電領域吸收到很多一流人才。

一位製造子公司社長提及，過去十年間總公司幾度準備關廠，「我們價格競爭輸給海外，只能強調將持續改善到關廠的前一天」。我們這次考察發現，日本的地方縣市擁有許多這類工廠。我們的追蹤也發現，已經沒有工廠的日本公司，不僅無法享受製造回流日本的優勢，亦缺乏從中國大陸往東南亞遷移的指導人才，對未來充滿憂鬱。

關注顧客價值與職工活力

工具機領導廠商Amada社長岡本滿夫提出獲利100%分配，主張與股東建立長期關係，並提出ROE（股本報酬率）10%、營業額三年成長30%、營業獲利率20%之目標。

Amada這些優良企業一致認為，提高職工薪資不違反股東利益，職工活力不僅是製造現場創新的基礎，更是持續提供顧客價值的可持續經營根基。

　　股東、職工、顧客、協力廠與地域社會，是公認企業最重要的五項利害關係人（Stakeholders）。職工透過企業與協力廠聯手滿足顧客，股東監督其利潤、地域社會監督是否繳稅與是否危害地方。近年興起的企業社會責任（CSR），事實上是對企業過度追求利潤的一種反動。然而，從價值創造的角度，顧客與職工才是真正最重要的主角。企業因為有顧客而存在，更因為有職工而得以自強不息。

　　正因為現場創新來自有活力的職工，重視現場流程是滿足顧客需求的可持續經營基礎。一流的製造企業說明，讓顧客感受到高價值、讓職工充滿活力，才能發揮可持續的價值創造經營，其成果也才能讓股東、顧客與職工分享。

　　我們十分期待，全球一流製造企業重視職工權益與現場創新的新趨勢，能讓台灣企業經營者得到啟發，讓台灣真正走出目前薪資偏低、製造價值偏低的悲觀氛圍。

4

TPS可持續學習發展的條件

　　2017年1月間，本書合著者劉仁傑教授先後應邀在台日兩地進行了超過十場次的TPS相關演講，他強烈感受到TPS熱潮的方興未艾。其中，上銀科技現場改善的活絡、高聖精密機電用IoT產品創新與現場流程改善慶祝40周年廠慶、兩岸最大台商顧問集團健峰管理百位顧問師的年度研修……等，都令人留下深刻印象。

　　持續就是力量，受到台日TPS活動的感召，東海大學精實系統團隊在2017至2018年度，特別分兩年設定TPS與顧客價值的可持續學習發展做為年度主題。

　　這些演講會都在熱絡的討論中結束，並且不約而同的聚焦在兩個新近案例上，它們被認為已驗證了TPS兼具日常特性與深奧哲理的特質，值得長期學習與實踐。

全球TPS最前線：大金空調與豐田汽車

　　一個是對大金空調滋賀工廠的13年觀察。從2003年首次往訪，「廠內製程時間」的68小時開始，2008年、2013年、2016年底分別改善到9.5小時、5.9小時、4.94小時。被認為是劉仁傑教授合著《世界工廠大移轉》中分析了2003至2013年十年變革的更新版。

滋賀廠製造部長小倉敏滋說，這正是製造從合資的珠海格力回流到日本的關鍵。板金加工換模時間的縮短、單體的單件流組裝，結合小型配套連結節拍組裝線，是縮短廠內製程時間的關鍵。對大金而言，已經沒有「插單」的問題，發出的鋼材在5小時後就陸續在組裝完成區包裝出貨。混流生產的機種判定感測器、回收空載具的無動力自働化，則讓訪客感受到IoT與改善並存的魅力，逐漸成為實踐改善目標的重要手段。

　　另一個是豐田汽車PRIUS保險桿射出生產最新變革分析。檢視改善前的多種混線總裝、保險桿組裝副線、塑膠件射出生產線，批量射出的浪費一目了然。改善是從15件批量射出改為單件射出，生產效率提高16%、空間節省超過30%，被認為是豐田汽車在2008年金融風暴之後最有特色的改善案例。

　　有一位來自健峰管理集團的顧問師在Q&A時間，提出非常專業的提問，將這兩個案例的價值拉到最高峰。大金空調與豐田汽車的變革說明，TPS其實是生產技術與流程技術的總和，只聚焦在流程變革並不能真正達成升級目標。本書另一位作者吳銀澤教授則曾經專訪川村良一顧問，介紹友嘉集團成立生產技術中心的意涵（詳見第5章），也是從這個角度出發。換句話說，實踐TPS是全民運動，最終是一種跨部門的整合型組織能力升級。

TPS已經有近40年的歷史，兩根支柱歷久而彌新（見下圖）。當台灣產業面臨新興工業國競爭，TPS的可持續實踐尤其刻不容緩。相對於豐田汽車的40年精進，今年實踐TPS邁向第15年的大金空調，非常謙虛地說他們「還處在轉大人的關鍵期」。他們不約而同的使用了這張被西方顧問師修改為精實屋的簡圖，訴說TPS實踐的博大精深。

價值創造就是「穩定連結後製程需求」

　　這張圖說明，TPS的價值創造來自兩項核心主張，強調價值創造就是「穩定連結後製程需求」。

　　一項是按照後製程需求的JIT（Just in Time）有效配套生產，是消除浪費的關鍵。因此，單件流生產最能符合JIT的配套精神；暫時做不到時應以店面呈現配套的缺料情形，

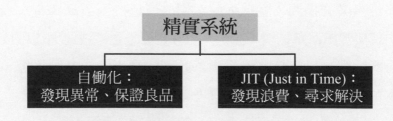

圖　精實系統的兩根支柱

才能將製造能力用在刀口、避免製造過多或過早。製程內單件流與製程間店面管理的貫徹程度，事實上就是TPS的實踐水準。

另一項是製程的穩定而可預測，是保證製造價值的關鍵。這個保證製造價值追求，日文用自働化（jidoka）來表達，直譯是「追求工作價值導向」，也就是在機制上保證達成製程目的。從邏輯來看，製程穩定才能保證有效配套、有效配套才能兼顧滿足顧客需求與消除浪費；將無法達成有效配套的現象可視化，才能突顯製程內與製程間問題的存在，成為尋求解決的原點。

TPS一方面透過標準作業、單件流、節拍生產，達成JIT的配套目標，重點在發現浪費尋求解決。另一方面透過自働化機制發現異常，保證良品，是一種以人為核心的工作模式，追求發現問題與解決問題的自律性組織能力。這兩根支柱同時提升，才能帶動整個系統的升級，這正是可持續實踐TPS的關鍵所在。

我們發現，大金空調與豐田汽車的新近改善，最後都聚焦在透過自製設備解決市購設備沒有辦法解決的問題，這正是持續精進改善的精華所在。對於工具機企業的價值創造，特別是我們積極提倡的問題解決型事業發展（Solution Business），亦饒富啟發。

新興工業國的崛起，搶走了需求量相對安定的量產型

訂單，台灣絕大多數的製造現場，都苦於不知如何因應變化。如果說插單、設計變更、產量調整是市場調適的一項價值創造活動，我們就沒有理由不去面對。而TPS的最大價值就是相對於其他生產方式，更有能力因應變化。

迎接顧客價值典範的挑戰

關注價值創造的製造，聚焦的不是生產流程成本，而是顧客價值創造。換句話說，是透過顧客要求的品質（Q）與交期（D）水準，積極追求具有顧客魅力的附加價值。不止光說「後製程是顧客」，而是實際仔細觀察自己的工作成果在「後製程」如何被活用；不止光說「顧客第一」，而是深入顧客的使用情境與使用過程。

以大金空調為例，當廠內製程時間縮短到五小時以內，說明上午十點鐘的投料下班之前就已經出貨了。現場能力不僅有效地調適了市場變化的急單或訂單調整，甚至朝向供應鏈的上游推廣，讓協力廠學習到單件製造與配套供料的原理，共享精實改善的果實。

我們認為，在全球化與價格競爭的環境之下，關注本身的工作對顧客的顧客，甚至最終顧客的價值，才能夠可持續學習與發展。

譬如，台灣筆電外銷在2002年達到高峰，外銷超過1千2百80萬台。之後卻一路下滑，谷底是2010年的27.3萬台。

換句話說，台灣筆電企業為了追求性價比與規模經濟，生產線已經全面外移。

然而，就在2010年以後，一種顧客式製造經濟悄悄崛起。雖然數目不大，以強固型電腦為中心，攜帶型電腦的外銷數量已經回升，2014-15兩年平均為72.2萬台，比谷底的2010年成長了164%。在這個過程，全球強固型電腦霸主Panasonic（松下）逐次強化台灣據點生產，2015年台灣中和廠生產數量已經追上日本神戶廠，對台灣的僱用與出口做出直接貢獻。

正因為松下的強固型電腦聚焦在戶外工作的特殊需求，過去15年平均獲利達15%，讓台灣一流的協力廠商找到了發揮空間。位於台南官田工業區、擁有350名員工的宏葉新技，是台灣最知名的鎂合金機殼廠商。2010年前後，台灣筆電外移與降價要求，讓成本相對較高的優良廠商面臨關門窘境。2016年宏葉提供了松下集團60%的機殼，成為所屬巨騰集團獲利最高的事業體。

高顧客價值往往代表多樣少量，對品質與交期的要求非常高。我們對台灣機殼、背光觸控面板、印刷電路板、絕緣片、塑膠件等強固型電腦供應鏈的研究顯示，這些能夠提供差異化零組件的廠商，規模非常多樣，從數十人到數萬人都有，共同特質是訂單安定、獲利穩定。品牌廠商與協力廠商的互動學習，攜手解決顧客要求的堅固、防水

與輕量等要求,同時貫徹分批配套供料的精實原理,正是取得高獲利的關鍵。

迎接可持續精實變革的挑戰

現場穩定而可預測的單件流製造,以及因應後製程需求的配套暫存店面,是讓製程時間大幅縮短的關鍵。其中,在現場中看不見的多能工、快速換模、問題解決等軟體基礎能力的與時俱進,被豐田汽車與大金空調視為人才培育的重要指標。堅持顧客要求品質,以及代表交期的配套供料,才可能聯手顧客,可持續創造顧客價值。

5

生產技術的顧客價值創造

　　生產技術是將符合顧客需求的產品設計精確而可靠生產出來的技術，不僅左右了實體系統整體的發展，也是顧客價值創造中重要的技術性基礎。

　　2016年暑假，兩位東海大學工工系修習過TPS的四年級學生與我們一起檢證一個課題：「鑄件加工確實符合生產技術要求對組裝的影響」。結論是組裝的流程件數可以減少約30％。換句話說，台灣工具機的組裝作業，包括部份鏟花在內，大約有三成是因為組裝前的鑄件未符合生產技術要求，需要在組裝進行重工或補救。從顧客價值的觀點，生產技術的重要性獲得驗證；學生們發現，TPS致力於流程精實與資材配套的同時，不能忽略支持「一次做對」的生產技術能力。

　　基於充分認識到生產技術對於台灣工作機械業發展的重要性，友嘉集團於2016年初成立生產技術中心，由和井田友嘉精機日籍顧問川村良一擔任負責人。隨著TPS應用的穩定成長，生產技術的必要性與意義廣受重視，如何用生產技術支持TPS正被熱烈討論。為了瞭解友嘉集團的意圖，本書合著者吳銀澤教授在2016年6月前往位於台中的和井田友嘉精機，訪問了生產技術中心的川村技術顧問。

以下將透過訪問內容，介紹生產技術能夠為台灣工具機產業帶來的影響。

生產技術的意義與台灣工具機產業的課題

生產技術部門於組織之間扮演著橫向串聯的協調角色，亦是涉入設計、組裝、營業等部門之間容易發生的本位導向中，透過具體主張的方式，來強化調整及合作的效果。除此之外，生產技術不僅要結合工程設計需要，確認機器、設備的決策，同時將產品技術與製造技術建構於生產系統之中。而特別在實踐TPS的背景下，生產技術部門是為了建立量產技術的一個重要的部門。

台灣大部分的企業與日本不同，企業內部不具有獨立的生產技術部門。基於台灣工具機產業多數依賴水平的分工結構，產品的加工及生產主要透過外包，廠商僅進行組裝及檢查而已。

長期以來，台灣工具機產業的水平分工結構，確實為台灣帶來了一定的國際競爭優勢。但是，隨著國際競爭狀況愈演愈烈，如何開發、生產出與中國具有差異化及具有高附加價值的產品，則是台灣目前面臨的課題。而普遍在進行外包時，台灣企業多以交件日期及成本為主要評估項目，卻因此疏忽了技術層面的相關訊息，導致企業內部難以建立起核心技術。如此背景下，台灣工具機產業的品質

及技術水平面正面臨著重大考驗。

友嘉集團生產技術中心的三項工作

2015年9月和井田友嘉精機遷移到神岡新廠區，擴充了加工部門與加工技術應用。友嘉集團生產技術中心成立之後，發揮了更具體的作用。友嘉集團生產技術中心的運作，是由友嘉集團總部派遣兩名專人，每月定期進行生產技術的教育課程。其中，川村良一顧問是隨著和井田友嘉精機創立當年（2012）赴任，目前正將生產技術概念朝向整個集團落實。川村良一提及，友嘉集團生產技術中心目前主要將扮演三個角色（參考下頁圖）。

首先是建立能夠將友嘉集團的技術資源整合為一的體制，強化各機能之間的合作及提升企業內部的設備與試作品的開發和生產、加工技術的水準。並透過生產技術的標準化來確保品質的一致性。亦是規劃出中國的規格與台灣的規格之間差異化的重要角色。

第二則是提升外包企業的生產技術力的架構。台灣多數的外包企業都有著檢查不確實及加工零件的質量總是無法成長的情況，形成外包企業加工技術難以捉摸的現象。在這裡，生產技術中心將扮演建立管理規格與要求標準，以及選擇與管理外包企業的角色。

最後，培育能夠管理生產技術的人才。這樣的人才是

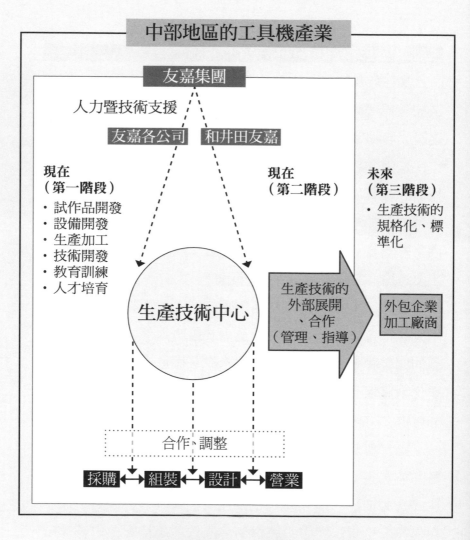

圖 友嘉集團生產技術中心的集團內互動與影響

資料來源：由吳銀澤教授訪問作成

具有全體能力的，亦即精通採購、營業、生產技術、設計的人才，是能夠指導、說服外包企業的專門人才。欲培育這樣的人才則需要耗費相當長久的時間，而這樣的人才卻也是台灣目前最欠缺的。

整體而言，友嘉集團生產技術力中心著眼於產業整體的水準提升，企圖將業界整體達到標準化。雖然台灣的水平分工構造也具有開發、生產符合顧客多樣需求及多樣產品的優點，但品質卻一致性的無法突破極限。友嘉集團的努力，有機會對台灣工具機產業的總體升級作出貢獻。

落實生產技術，啟動TPS

台灣的工具機廠商持續的導入TPS概念，特別是中部地區機械產業已經蔚為風潮，帶來極大的貢獻。然而，儘管許多企業透過理解TPS的概念並實踐它，但能夠實質運作TPS的卻只占少部分。究其原因，企業內部應有的生產技術沒被落實，造成TPS無法真正被扎根。

友嘉集團理解生產技術是啟動TPS的鑰匙，它致力於生產技術中心的建構與生產技術落實，讓我們印象非常深刻。我們相信，生產技術是提高台灣工具機產業競爭力不可或缺的要項，友嘉集團生產技術中心將在在這個領域，結合TPS，為台灣產業作出貢獻。

第
2
輯

變革的心法

跨越時間空間分工疆界

「變革」是什麼？變形為「智造者」又必須經過技術／心理與策略觀的何種洗禮？

在這輯五篇短文中，我們將在當前高速、不確定與產業鏈大幅翻擾的時代中，試圖尋找變革的疆界與內在核心。我們將檢視過去工具機業變革的簡史，探討台灣產業相對薄弱的營業創新與生產技術升級，並探究兩個極富變革意涵的「跨企業聯盟」與韓國汽車業案例。

6

工具機業變革的故事與心法

　　1980年代前，台灣生產製造的工具機產品，以人工操作的工具機為主，當時的產品，有居世界之冠的砲塔式銑床，以及車床、磨床、帶鋸床、滾牙機、鑽床、刨床、沖床等傳統工具機。

　　到了1980年代，數值控制技術成熟，逐漸與機械融合，精度與性能大幅提升，帶動台灣工具機企業開始摸索數值控制工具機的產品開發與製造。在政策主導和業界產品轉型需求下，工業技術研究院機械工程研究所（工研院機械所），採取產品區隔方式，同時輔導多家工具機廠商，開發不同形式的CNC產品；加上少數業者自行研發CNC產品，形成遍地開花的結果。這波產品CNC化浪潮，開啟產業變革的契機。

　　檢視工具機產業的變革，東海大學精實團隊認為有三股力量。第一類是老店創新：如1990年代末期楊鐵公司的黑鷹系列，將綜合加工機切削加工基本功能的簡單化與模組化；2006年起源自台中精機與永進機械聯手的M-Team聯盟精實變革。第二類是台日合作：譬如台灣瀧澤、東台精機等擁有日資或日本淵源的企業，互助互惠創造雙贏。這兩項已經廣為週知，本文聚焦相互影響深遠、老幹新枝相

繼投入的第三個類型。<u>特徵包括危機企業的資源轉為新加</u><u>入者的養分、接棒者的變革讓危機企業基因基礎產生巨變。</u>

本篇的作者巫茂熾正好躬逢其盛。畢業服役後在1981年加入連豐機械的機構設計工作，第一個任務是平面磨床底座鑄件的改良。在職期間主要在廠內做中學，也被安排到工研院機械所接受臥式綜合加工機設計、製造等培育。將傳統平面磨床進給系統改造為滾珠螺桿，與何金海董事長投資的何豐精密研發人員聯手完成他的第一個CNC工具機設計。從連豐機械延續到友嘉實業，34年的產業經歷，參與、見證、觀察了台灣工具機老幹新枝的變革歷程。

從陪跑到參賽

工研院機械所關永昌領導的研發團隊，輔導台灣工具機業開發CNC產品開發，從陪跑到下場參賽，陸續創立亞崴與崴立兩家公司。連豐機械出現財務危機，友嘉的朱志洋，先代理該公司工具機產品，再買下品牌與產品製造權，由代理轉型為工具機製造大廠。財務輔導、重整專家卓永財，接手台灣滾珠螺桿先驅何豐精密，創立上銀科技。

1975年經濟部啟動「精密工具機計畫」，1980年代經濟部推動「自動化計畫」，由工研院機械所，執行CNC產品與技術的開發，並接受業者委託設計開發各種CNC工具機。工作任務告一個階段後，技術團隊的領導人關永昌，為了

圓夢窮人創業，於1986年號召一批工研院機械所的技術人才，創立龍門世家的亞崴機電，2007年離開首度創業的公司，再度創立五軸世家的崴立機電。

1970年代中期，工具機老廠連豐機械總經理張堅浚，認同美國代理商的建議，向何董事長提議，開發立式加工機，結果市場反應不佳，但兩位高層都不氣餒。1981年張堅浚創立台灣麗偉，往CNC工具機發展。何金海則於1981年安排四位工程師到英國接受滾珠螺桿技術訓練，1982年台灣第一家滾珠螺桿專業製造廠何豐精密開工量產。

連豐機械於1983年委託工研院機械所，開發CNC產品。當時由關永昌領導的團隊，採取模組化設計，搭配何豐的滾珠螺桿，開發完成臥式加工機；聯手連豐機械為中華台亞完成台灣製的第一代汽車零件FMS產線。這個產研合作自主完成CNC產品開發，對CNC工具機外銷、台灣汽車零組件能力提升，影響極為深遠。

但1984年的財務危機，使連豐機械與何豐精密陸續易手。

1984年，代理日本建設機器的友嘉實業，取得連豐機械的台灣產品代理權、次年共有全部產品的製造權。友嘉購併連豐產品的研發、裝配、品管等相關人員，向連豐租用原場地生產組裝工具機，以銷售、製造連豐產品進入工具機行業。朱志洋檢視歷年銷售實績與市場趨勢，決定放

棄傳統產品，轉型為CNC產品開發製造的專業廠商。1986年起在連豐的產品、人員基礎下，進行友嘉CNC產品的自主研發。動柱式立式加工機FMV1100，於1989年獲得工具機創新競賽佳作獎。自主研發、併購同業、設立大陸直銷據點，以及1996年在杭州設廠，是友嘉工具機經營規模，從落後群快跑到領先群的關鍵因素。

在1987年台灣股市大崩盤的第二天，卓永財簽約買下何豐精密公司股權，並改名元銀精密工業公司。1988年接任董事長後，規劃投資改造攝氏20度恆溫廠房，未取得兩大股東交通銀行與中華開發的首肯，只好在1989年，另外成立上銀科技，生產相同的產品，主導產品研發與經營方向。直到1996年，才以一股對一股的方式合併元銀，成為最大股東。

人才外溢與老幹新枝

連豐機械培養的CNC工具機種子人員，部分人員基於經濟與職業生涯因素，離職到同業，台灣麗偉是其中之一。當年連豐機械張堅浚總經理創立的台灣麗偉，將代工模式發揮到極致，1980年代後期以量產CNC工具機衝到第一名。然而好景不長，2000年因財務危機被友嘉實業購併。而在併購前，核心幹部陸續創立新衛、麗馳與百德、或被同業挖角。機緣與巧合下，連豐機械到台灣麗偉的種子人

員，則合流到友嘉實業集團工具機事業群。

何豐精密的人才除了留任移轉元銀外，有部分幹部另起爐灶、部分人才被挖角或聘用，衍生台灣第二家、第三家的滾珠螺桿專業廠。律德精密、銀泰科技、台灣滾珠等，堪稱是人才外溢、技術擴散的外溢效果。

傳統工具機轉型為CNC工具機，是產品的重大變革，對既有企業既是危機也是轉機，給用心加入者，提供良好的契機。

在1970年代連豐機械是傳統工具機大廠，客戶開卡車帶現金到廠搶貨，機器油漆未乾就被搬上車，非常風光。榮景沒有降低何董事長的高度，他看到CNC化趨勢，推動工具機CNC化、設立滾珠螺桿專業工廠，兩大支柱為企業經營啟動轉型的變革。無奈心有餘力不足，連豐機械的CNC工具機產品技術，被友嘉活用發光；何豐精密的第一家滾珠螺桿專業廠，在上銀科技發揚光大。

連豐機器以臥式加工機、立式加工機、CNC平面磨床等產品，和汽車零件加工線打下的基礎，交棒給友嘉實業續跑。友嘉實業從工具機的門外漢，經過「聚焦在CNC產品變革、大陸設廠與行銷通路變革、併購同業策略」等階段創新，進入工具機業的領先群。

從何豐精密到上銀科技、連豐機械到友嘉實業、離開工研院機械所創立崴立機電，接棒者在既有的技術、人才

基礎等資源下，透過改造、創新的加持，創造比老幹更輝煌的經營成果。新枝面臨新的挑戰，需要再改變。

新枝的價值變革

友嘉實業在2009年7月啟動精實變革，成立FNPS（FFG New Production System）專案，於2011年起，在中衛中心的輔導下，從基礎訓練到執行變革，經歷多年的執行與落實，應用資訊科技提高可視化的成果特別顯著。泛用標準機的市場被擠壓，被要求客製化的市場壓力越來越大，2017年起委託本書另一位作者東海大學劉仁傑教授，執行「精實客製化管理」的變革，並將FNPS更名為FIPS。

這場變革是希望追求「以顧客現場需求表為原點，建構跨部門平台，保證大量客製的交期和獲利」的境界。友嘉以FNPS為基礎，再精進為具有創新、整合、資訊與智慧內涵的FIPS變革：理解顧客使用流程，為顧客創造價值的營業創新（Innovation）。從營業拉動研發製造，達成交期、實踐獲利的跨部門整合（Integration）。以及活用資訊工具，實踐精實智慧製造（Information & Intelligence）。

上銀科技在精實製造方面，2014年起，參與東海大學的TPS產學課程，從「線性滑軌包裝線流程化」開始，持續進行並逐年落實，「滑塊來料、配套供料與裝配改善」、「MG cell裝配示範線」等改革案，精實變革的果實，一年勝

過一年。

　　上銀科技自主研發的關鍵零組件，則聚焦在產品IoT的功能，在產品裝上感測器，讓整機廠可以取得運轉資料，透過分析可以轉換為提高設備價值的資訊。

　　另一家廠商崴立機電則由2011年起，在劉仁傑教授的輔導下，從主軸模組堅持單件流組裝開始，採依照後製程需求單件組裝模式，再以模組成果延伸到整機的單件流裝配線，完成台灣第一條定點節拍裝配線。2016年6月29日該公司黎錦源總經理應邀在東海大學的TPS產學合作研討會發表變革歷程與心得，引起非常熱烈的迴響。基於擁有30多年的機械專業與歷練，他的實踐與洞察，展現了強大的感染力。

影響力和行動力是變革的心法

　　最後，讓我們談談參與觀察這些變革的心得，結論是組織內部面對變革的態度是關鍵。態度是指企業內部團隊，對變革認同與否的影響力，以及行動力。這兩者的交互作用，呈現了迥異的變革方式和成效。

　　在觀察中發現，一隻看不見的手，會影響團隊對變革的態度。這隻手來自變革團隊的領導者、種子人員、參與人員，以及企業經營者、部門主管等組織變革的相關人物。這些人在變革過程中的影響力和行動力，支配著改變的結果、

速度和方向。

　　採取觀望或應付的態度，不相信變革後可以更好。變革中遇到瓶頸或困難，執行動作變緩或停止，對想變的火苗產生抑制或澆熄的作用。產業差異大、技術層次不同、組織有差異，都是不認同變革的理由，再加上心口不一的態度，都會讓變革活動雪上加霜，成為團隊的災難。

　　相反的，相信變革的態度，認同變革會讓未來更好；才會在執行過程中，面對執行的困難或瓶頸，採取主動積極的態度，將影響力和行動力用在突破困境、解決問題。接受挑戰的正面思維和行動，吸引組織資源、帶動人員，向目標邁進。「眾人拾柴火燄高」，當團隊間有一股要做好的力量時，就會相互加持、強化，讓變革永不停歇、成果超越預期。這種正面影響力搭配想做的行動力，埋在組織深層的問題也能被挖掘出來並改善，共同創造甜蜜的果實。

　　「想做」的行動力，也會淡化負面影響力的作用，讓廠內的疑慮漸漸被稀釋，原本的半信半疑會轉換為相信，從靜觀其變的態度，轉變為水到渠成的效果。正面的影響力，可化解抗拒、被動的行動力，成為想做的動手者。當企業的行動力夠強就會改變影響力，影響力夠強也會改變行動力，讓變革正向循環，產出逐漸加溫、越燒越旺的成效——這恐怕也是台灣工具機業一路走來至今、屢見不斷的變革挑戰與過程！

7

營業創新與精實變革

最近台日工具機頂尖企業領導人的兩項發言，廣受台日產學界討論。其背後存在的產業創新發展與未來課題，值得我們省思。

「森精機」社長森雅彥在《日本生產財》月刊2013年7月號的專訪中指出：「觀察韓國、台灣過去的30年，沒有出現原創型創新。針對製造企業最重要的兩件工作：對顧客作出貢獻與技術創新，相對於日本、德國與義大利，中國、台灣、韓國都沒有貢獻！」

森雅彥社長的嚴厲批判，值得我們反省。然而，6月間《日經產業新聞》與《日本經濟新聞》刊出的友嘉集團總裁朱志洋的專訪，卻反映了台灣在營業創新的躍進。

森雅彥 vs. 朱志洋

朱志洋總裁在專訪中指出，友嘉集團強大的秘密，是在中國擁有80處以上的銷售暨服務據點，透過這樣的銷售網來達成迅速有效的售後服務。「舉例來說，如果交付客戶的機台有發生任何問題，我們的對應方針是：兩小時內要抵達客戶端處理」。他說產業機台難免會發生故障，然而停機時間若拉長，會給客戶公司產能帶來極大的損失。因

此，能協助客戶盡速恢復機台運轉就是最佳的客戶服務，才能成功分享中國市場這塊大餅。

依本書合著者劉仁傑教授對大陸工具機營業網絡的研究發現：如果從對顧客作出貢獻觀點，友嘉集團在中國的營業創新，已經領先全球。

他近期參觀了大陸青島一家快速成長的汽車零組件工廠，擁有工具機百餘台，友嘉工具機就佔了七成。廠方表示，設廠初期公平對待境內外品牌，隨著購買與使用心得，便宜兩成的境內知名品牌、價格相當的韓國品牌，逐漸被友嘉所取代；廠內也看到三台的日本工具機，廠方用「不可替代」來形容它們。

大陸的工具機使用業者不諱言，日本工具機性能仍然領先很多，但一旦故障卻非常麻煩。他舉曾經發生的例子說：「從故障通知到維修人員抵達竟然耗時四天；兩個小時修好，卻開出了天文數字的帳單⋯⋯。」

2011年任職和井田製作所社長的岩崎年男，針對中國市場的客戶調查，也得到相同的結果。他說：「以整年度來檢視，友嘉集團工具機稼動率高於日製工具機。日製工具機在品質方面無可挑剔，但一旦發生故障，往往苦等不到維修零件，而被迫長時間停機。日本過去擅長提供以客戶角度出發的『日式』服務，友嘉實業已經把這套服務套用於中國並一舉成功！」

友嘉集團的營業創新

　　這個案例背後存在一個事實，銷售暨服務網絡創新，可以大幅降低顧客所使用的工具機生命週期成本。而友嘉集團的銷售暨服務網絡創新，據點遍佈整個大陸只是結果，營業創新內涵才是關鍵。個人考察發現，友嘉集團擁有全球工具機十分少見的三項創新特質，包括網絡的建構、顧客價值創造與複數網絡整合。

　　第一，貫徹當地化的銷售網絡建構。迥異於全球各品牌，自1993年設立北京辦事處開始，它就堅持100%人才當地化與直接銷售。超過75%的直接銷售，與各辦事處自主自律能力相輔相成，台灣既有開發與技術人員，對中國大陸銷售採取支援的角色。總經理陳海軍說，被充分信任與授權、照顧與支持，是友嘉團隊的特徵。2005年以後，友嘉集團的擴充、與歐美日品牌聯盟的擴大，使銷售網絡持續擴大，發揮特殊資源愈用愈多、產品線愈來愈完整的聯盟經濟（economies of alliance）效益。

　　第二，結合本身標準機種與日本turn key模式的營業技術創新。顧名思義，turn key模式是一種從了解顧客加工需求出發，提出完全符合客戶產品需求的生產線方案，又稱交鑰匙工程。這個模式從活用各地人脈的代理商帶入門開始，再邁向製程技術知識學習與整廠規劃能力建構。日本合作夥伴的支持，加速了友嘉集團的學習能力。正在洽談發展中，

以提供自動化產線為目標的台日新合資項目，是此項創新發展的新指標。

　　第三，推動報備制度，有效整合網絡資源。隨著友嘉集團所屬麗偉、友華、友盛等複數網絡的加入，2011年銷售暨服務人員突破一千名，2013年辦事處數突破80個。2010年推動報備制度e化，透過登錄潛在客戶方式，搭配期限、鼓勵協商等透明方式，大幅提升網絡間資訊流的品質和速度，有效整合所屬複數網絡資源。這個制度創新說明，對各級主管的授權，結合制度e化，可以有效減少黑箱弊端，是提升銷售網絡綜效的關鍵。

　　我們以2000～2010年十年間的友嘉客戶資料庫作為分析對象。在最重要的客戶55家中，汽車暨汽車零組件產業佔45家，達82%，是友嘉工具機客戶群的最大特質。而汽車零組件中又以煞車盤最受注目，同一家廠商購買的最高紀錄是204台。下頁表為截至2010年4月的重要客戶前十家，不僅清一色是汽車零組件企業，累計銷售台數驚人。這些數據說明友嘉集團結合主流產業發展，在中國大陸創造2011年高峰的背景。

表：友嘉工具機的中國十大客戶（2010年4月）

重要交易年	企業集團名	所屬產業	累計銷售台數	機種
2008, 2010	煙台勝地	汽車煞車盤	204	QM22、FV580A、
2009, 2010	壽光泰豐	汽車配件	162	VM32SA、NB800A、FV600、FMH500、FV800A、FV1000A
2010	龍口海盟	汽車配件	95	FTC20、FV580、VMP23A
2009	山東隆基	汽車配件	81	FV580A、FTC20
2000, 2001 2002, 2003 2004, 2005 2006	陝西法士特	汽車配件	69	FTC-10、FTC-20、FTC-30、FV-800A、VB-610A、VB-715A
2007, 2008 2009	濟南二汽配	汽車配件	68	FV800、VM32SA、VB610A、FTC20、FTC20L、FTC30、FTC350、FTC350L、FMH500
2007, 2008 2009	吉林通用	汽車配件	68	FTC-20、NB1100、TV510、VB715、VB825
2004, 2005 2006, 2007 2008, 2009 2010	柳州五菱	汽車配件	64	FTC-10、FTC-20 FTC-30、VM-32SA、VM-40SA、VB-610A、VB-825、FTC-350、FV-800A、FV-3224E
1999~2010	浙江瑞明	汽車配件	63	FV-800、VM-32、VM-40
2005	北零部件	汽車配件	62	VM30SA、FTC350L、FTC30T

資料來源：杭州友佳董事長室

共創三贏：友嘉高松

友嘉集團的營業創新也同步呈現在日本的合資據點。

友嘉高松成立於2008年，是與日本高松機械的合資據點，主要業務是進行台灣製工具機的改裝、銷售及服務。此地整理了2014年的實地考察內容。

友嘉高松社長曾任日本工具機企業營業主管，認為熟知台灣工具機特質才能創造日本顧客的使用價值，特別是高松未生產的綜合加工中心機。2013年接單達23台，比2012年成長了一倍以上。

社長說，看起來外型、性能相近的工具機，每台的售價都可能不一樣，因為它在顧客生產線的「使用價值」不同。他舉台灣廠商公認平均售價約1,200萬日幣的綜合加工中心機為例，最近賣給一家日本企業售價卻達到2,000萬日幣。更重要的是取代了原先2,400萬日幣的日本製工具機。日本顧客的評價是「同樣能夠解決我們生產線上的問題，服務卻比日本廠商更好！」

友嘉高松顯然是最大贏家。台灣企業能將產品賣進日本，又能取得合理利潤，覺得辛苦獲得回報。同時，日本顧客也因此獲得高性價比的產品。我們從訪談發現，這個名副其實的共創三贏局面，來自下列三個關鍵因素。

第一，友嘉高松現任社長為既有銷售網絡，提供了互補型機種。基於長期接觸既有客戶的現場流程，理解其工

具機需求，進入障礙非常低。

第二，深入顧客使用現場，創造顧客價值。只有深入使用現場，才能理解日本企業為甚麼願意花一倍的價格購買日本製設備。以這台綜合加工機為例，日本機不僅在加工後不需額外做修邊處理，投料搭配機器手臂更讓流程恰好能夠結合節拍時間。

檢視交易流程，友嘉高松首先從開規格與小幅修改設計著手，讓台灣機台達到加工一次到位的現場使用要求。並在製造過程嚴加把關，力求達成這個客製要求目標。在此過程，因為產品能夠進入世界第一嚴苛的日本市場，製造商的生技與現場部門在跌跌撞撞中維持了士氣，獲得了學習效果。其次，運到日本之後，在日本追加了自動上料的功能模組。正因為機台功能與日本機完全一樣，受到顧客的喜愛。社長說：「公司設立迄今，幾乎不曾直接銷售台灣標準規格的機台」，間接說明了顧客價值創造的意義。

第三，滿足顧客使用需求，設定合理價格。正因為友嘉高松了解使用台灣機器可能造成的額外成本，因此能計算出解決問題後的機器價值。就我們的理解，價格設定決策包括「顧客的實際使用價值」及「問題的解決方案價值」。因此，價格設定將因不同案子而迥異，這正是Solution Business價值創造的本質。

營業部門的精實智慧化

然而，2016年12月劉仁傑教授訪問杭州友佳與杭州麗偉發現了一個共通現象，亦即急單、客製單，已經成為兩大變化趨勢。杭州友佳生產機種中，可以在產品型錄上選取的標準機僅剩30％。換句話說，70％是客製化產品，其中40％是過去有做過但是要設變才能製造生產、30％是過去沒有經驗需要設計開發的客製產品。

事實非常明顯，在滿足客戶需求前提下，在業務接單，以及聯手研發與製造（含供應鏈）達成客製目標過程，面臨史無前例的挑戰！基於轉型需要，友嘉集團朱志洋總裁做了兩項重要決定。第一，2017年4月起將售服外區辦歸屬到銷售總經理，使各辦事處主任對服務部門，從代管轉為統管。售服本部仍留在廠務部，負責處理各區專案協助及緊急事件、物料以及和台灣技術部分聯繫和外區辦售服人員回廠培訓等工作。對於日益增加的客製生產線，具有整合性的服務意義，可加速顧客使用上的回饋速度。

第二，借助東海大學在工具機領域的研究累積，雙方簽定「精實客製化管理」產學合作計畫，試圖發展Solution Business與跨部門互動平台，迎接客製化管理的挑戰。整體而言，友嘉集團新一波的營業創新，具備顧客價值、精實流程與智慧化摸索三大特徵：

❷ 變革的心法──跨越時間空間分工疆界

● 首先是顧客價值。一位超級營業員說，友嘉以前的成功是靠人脈與激勵制度，這些優勢大陸新興企業青出於藍。與東海大學合作之後，才瞭解到工具機的使用價值。他說：「瞭解顧客現場現在用何種機器？工時多少？最大的困擾是什麼？我才能夠衡量自己的提案對顧客產生多少價值？應該報怎麼樣的價格？」

● 其次是精實流程。客製工具機除了傳統報價方式的黑洞之外，無法達成交期所衍生的高昂成本，是部門之間永遠的痛。跨部門精實流程的發展潛力超越製造部門，製造企業的競爭基本上就是開發、製造、銷售速度競爭，而後流程的回饋速度與修改速度則是價值創造的關鍵。

● 最後是智慧化。IT工具從記錄顧客現場資訊開始，不僅在提出解決方案與跨部門達成交期過程不可或缺，也是支援營業人員贏得顧客信任的教材發展，更有機會轉成營業人員提出優越提案的錦囊。

精實結合智慧 深化營業創新

在我們與友嘉集團銷售團隊互動發現：友嘉集團營業與服務的各級主管，都讀過東海團隊在2012年7月出版的《工具機產業的精實變革》（中衛）一書，並寫過心得報告。

很多人認為，營業人員是特殊的族群，與研發、廠務、資材人員完全不同。但我們則堅信，精實變革就是為後製

程製造，營業與開發間的資訊共享，才能提升產品企劃暨開發效率；營業與廠務間的資訊透明，才能將顧客需求日有效地反映在出貨日、裝配節拍、開工與備料，有效降低成本。

　　就如廣受注目的「台灣工具機裝配節拍化變革」，就使得以縮短交期直接支援營業的顧客價值創造，現已蔚為趨勢。

8

台灣工具機產業生產技術的提升方向

近年TPS實踐蔚為趨勢,對於台灣工具機產業,特別是中部地區機械產業的發展,有著莫大的貢獻。然而,雖然對於TPS有通盤的理解而且實際執行之企業已經不少,但另一方面,從如何蓄積提升TPS實作和生產技術,以長期成長觀點觀之,對於產業全體今後的發展已是不可或缺且不容忽視的重要課題。因此,本文藉由對長期合作的企業體系,以日本與韓國的經驗來探討說明,對於台灣工具機產業發展TPS過程中生產技術之因應方向,提出具體建言。

日本與韓國的生產技術提升

以日本為例,以整機企業和提供零組件之企業為中心,發展出既深而廣的多重合作體系。產業內的企業或企業集團之間透過緊密的互助合作關係,試圖提升產業全體的生產技術。綜觀日本整體產業之生產技術,長期雇用促進了各企業之特殊技能得以蓄積保存,其中豐田生產方式在產業全體生產技術之擴散上扮演著相當重要的角色。特別是致力於「地區技術指導養成」的東京大學產學中心,致力於各企業所蓄積之生產技術的標準化,並將TPS推動至整個產業,備受矚目。

另一方面，韓國是以大企業為中心，發展出集中合作之產業體系。以集團內的生產技術中心與生產技術部門為核心，短期內提升生產技術並將之擴散至集團內各企業。最近特別致力於確立一個制度，亦即將全國產業界及地區視為一體，由優秀且對生產現場的品質與生產力提升能有所貢獻的師傅來進行審查與認定。韓國大企業目前也積極的培育此方面的專業人才。現代汽車的「社技能工匠制度」、斗山集團的「技術名人制度」、SK集團的「技術名匠制度」、三星集團的「名人名匠」等，皆為此一趨勢的代表案例。藉由此項制度能夠期待生產技術的標準化、統一化以及共有化，對於推動生產技術發展上將有莫大助益。

　　因此，韓國和日本的主要製造企業，公司內部都有生產管理與生產技術部門存在，並且經由製程設計等方式，使生產技術逐漸在企業內部得到蓄積與生根。特別是從以技術部門中心的設計開發階段，就開始與研究開發部門進行密切的合作。也因此從生產準備階段之前，就能將諸多問題進行事前解決，進而確保產品品質、開發時間，以及生產的交貨時間。另外，他們也透過與零組件廠商密切的相互溝通，不僅確保了公司設計品質與協力廠商的相容，更確保與維持了相互結合之後的零組件品質。

台灣工具機產業生產技術蓄積之結構

　　觀察台灣工具機產業，零件的加工、生產到成品製作等，皆藉由獨自的水平分工，亦即外包制度來完成。在此分工結構下，並沒有像日本或韓國有支援生產技術的獨立部門，且生產技術廣泛分佈於產業內的各個企業。一般而言，水平分工結構會將具技術性的工作委外代理，因此各企業內部若欲蓄積技術或技能是一件相當困難的事情。

　　基於此，儘管台灣水平分工結構支持了台灣工具機產業的國際競爭力，但終將逐漸轉為追求產品的差異化和高附加價值產品的開發。而這樣的轉換，將使產業全體生產技術的創新與提升，面臨一定的困難。

　　例如，透過水平分工系統訂購零組件時，台灣工具機企業通常提供圖面，我們稱之為「出借圖模式」，但實際上卻有可能沒有真正落實這個圖面。圖面由組裝廠設計，決定最終產品規格，由零組件廠商代工提供，具備可以選擇在任何零組件企業中以低成本之方式委託零組件加工的優點。但是，如公司內部沒有足夠的獨自生產技術蓄積，將產生兩個問題。第一，對所採購的零組件，無法透過量測與檢查得到正確掌握，最終結果致使各零組件的品質可靠度無法獲得維持與確保。第二，零組件廠以其獨特的技術進行生產，與原設計圖產生差距。

　　就東海大學精實系統實驗室的追蹤，上述兩個問題都

存在，部份組裝廠依賴協力廠、沒有能力活用協力廠，已經失去低成本或追求高附加價值的優勢。台灣工具機企業致力於蓄積和活用生產技術，才能確保產品品質，進而追求產品的技術升級與TPS的實踐優勢。

　　考量台灣特有的分散型生產技術的發展，參考日本與韓國的經驗與案例，我們對台灣工具機產業生產技術提升的方向，提出下列三項建言。

分散型累積系統下生產技術發展的方向

　　第一，核心組織的建立。在水平的分工結構中，為了進行產業全體的技術提升，必須要有做為中心運作的核心組織，將被分散化的知識、技能與資源加以整合。這個組織須與產業內外的組織間擁有直接或間接的關係，活用關係性的經驗，擁有將知識、機能、能力、資源整合的能力。核心組織普遍存於各個國家、產業或地區，但是在台灣的工具機產業，卻必須期待由工具機產業聯盟的M-Team、東海大學的精實系統知識應用聯盟、友嘉集團的生產技術中心等，來擔任核心的重要領導角色。

　　第二，建構生產技術平台。透過核心組織將各企業累積的生產技術進行互通有無，才能在整體產業充分活用，因此亟待建構具備活用與擴散功能的生產技術平台。因為這個平台是生產技術的「基地」和「基盤」，適合做為產業內

使用者的TPS生產技術改善案例發表、技能教育訓練與研修、認定制度推動等的「實踐與共享」之地標。

第三，生產技術的全面提升。做為整個工具機產業的生產技術的累積、活用與傳播的生產技術平台，其結構可整合如同下圖所示。透過這個結構可以對於整個工具機產業的品質、技能、技術，進行全面提升，同時，攜手合作共同創造顧客、共同實現製程創新與產品創新。

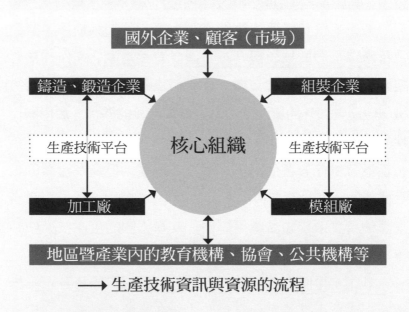

圖 工具機產業的生產技術累積、活用與傳播的結構

跨企業聯盟 M-Team 的顧客價值創造

　　1965至66年間，日本工具機業為了因應衰退，曾籌組多個企業聯盟，後又因景氣恢復而式微。1990年代中期由西鐵城精機、Star精密、津上、野村精機合組的自動車床聯盟，進行市場資訊交換與工廠相互參觀，但這個聯盟也已於2011年停止運作。

　　無獨有偶，2002年成立的台灣自行車A-Team，也在2016年底結束活動。A-Team的成立背景特殊、貢獻卓著，受到國內外的產學界關注。本書作者之一劉仁傑教授與美國一位年輕學者Jonathan Brookfield合撰論文：〈Taiwan's A-Team: Integrated Supplier Networks and Innovation in Taiwan Bicycle Industry〉在2007年在費城舉行的AOM（Academy of Management）年會獲獎，被認為是A-Team受到全球關注的最高峰。

　　本文首先扼要回顧自行車A-Team的14年歷程，陳述其運作與結束的意涵。同時詳細介紹運作中的台灣工具機M-Team聯盟，提出期待。

A-Team達成歷史任務

　　台灣自行車A-Team成立於2012年底，2013年春天假

自行車國際展對國內外公開。羅祥安與曾崧柱分別擔任過6年會長。2014年接任第三任會長的吳盈進與台灣自行車協會（TBA）主席羅祥安，2016年底公開宣布：A-Team已經達成提升自行車產業的設立目標，將轉入TBA委員會，做為業界知識共享和學習的平台。

我們認為A-Team至少樹立了三個典範。

第一，產業領導人強烈的危機意識與產業發展願景，有效帶動主力整車廠暨零組件廠的全面升級。其中生產關鍵零組件的SRAM（速聯）、天心、桂盟與彥豪，質量俱進，影響擴及整個產業的供應鏈成員。

第二，擁有持續的價值創造模式。從整合上下游廠商落實精實製造（TPS）出發，延伸到TQM和TPM等品質管理系統導入。強化共同研發的基礎建設、透過團隊騎乘活動共同開拓市場，從共生邁向共創。

第三，結合產業精實變革與顧客價值創造，改寫自行車的發展宿命。14年來外銷數量雖略有波動，外銷金額持續攀升，平均單價從2002年的124美元，一路衝高，2016年達到502美元。

因此，我們肯定兩位領導人達成目標的主張，支持用知識共享和學習平台維持互動。第三任秘書長、自行車中心總經理梁志鴻用流體力學說明A-Team成立與運作的理論，也就是說面對亂流衝擊，團結使總體受傷達到最小。

當然A-Team在達成總體目標之後也呈現了一些問題，其中最明顯的是相對受益問題。《哈佛商業評論中文版》就特別製作了一個「A-Team成功方程式」的特輯（2013年6月號），其中整理十年間美利達如何逼近巨大機械，最讓人印象深刻。事實上，產業管理理論也指出「同型發展」（iso-morphism）將妨礙差異化的主張。從這個角度，在有效創造與新興國的能力差距之後，A-Team的功成身退，具備再度追求個別企業差異化之重要意義。

價值創造的兩個模式

眾所周知，台灣工具機M-Team聯盟源自自行車A-Team的刺激，在經濟部工業局與中衛發展中心的推波助瀾下設立與擴大，其發展過程所呈現的價值創造途徑與創新意義，受到台日產學界極高的關注。

相對於台灣自行車的超越日本領先全球，工具機儘管被認為是極少數能夠匹敵日本造物經營能力的產業，在技術與市場調適上具備國際化能力與潛力，目前仍在努力途程上。產業升級的關鍵在於理解造物管理的本質，也就是價值創造。核心問題意識在於：如何透過附加價值的創造，維持與提升其競爭優勢。

在經濟學中，產出商品之售價扣除中間投入即為附加價值：

附加價值＝售價－中間投入

企業之附加價值涵蓋的內容包括稅金、人事成本、折舊、租金、利息支出與利潤，高附加價值意味著，企業有機會繳納較為豐厚的稅金，對社會提供較高的貢獻，可以給予員工較高的工資與福利，安定員工生活，同時保留下來的利潤，可以持續的支付往後技術、商品開發的費用，為企業長久經營奠定基石。

附加價值之高低，取決於企業的價值創造能力。附加價值並不是單方面由製造廠商所決定，而是由市場上顧客所願意支付的價格來決定。

因此，價值創造能力就是相對於競爭對手的差異化能力，作者認為來自兩個方面：企業暨所屬製造體系的組織能力、獲得顧客認同的價值提供能力。本文用下列兩個競爭優勢加以彙整。

一、精實系統優勢。透過跨部門跨組織的精實變革，孕育一種相對於競爭對手的卓越組織能力。精實系統優勢源自意識改革與5S等日常管理基礎，結合單件流與節拍生產等精實技法，具備獨特性、內隱性、難以模仿的管理機制的建構與進化能力。

二、顧客價值優勢。透過對顧客使用過程與脈絡的理

解，發展一種超越功能型價值、達成方案型（Solution）價值的顧客價值提供能力。顧客價值優勢源自營業人員與顧客現場的綿密互動，結合營業技術部門或技術中心，具備比顧客還了解顧客的解決方案提供能力。

從精實系統邁向顧客價值

M-Team聯盟的設立與發展過程，也從精實變革開始。2006年9月，在經濟部工業局與中衛發展中心的推波助瀾下，台中精機、永進機械兩大傳統工具機整機廠與21家專業模組廠共同組成工具機產業「雙核心協同合作團隊」M-Team，正式鳴槍起跑。工具機產業M-Team引進自行車產業「A-Team」成功經驗及日本豐田生產系統（TPS），以兩家整機廠帶領衛星體系，積極推動精實變革。

從劉仁傑教授的追蹤發現，迄至2011年底的5年間，兩家企業的製造現場已經迥異於過去。以兩家企業所推動的機台移動裝配模式為例，從鑄件店面到組裝完畢，製程時間（Lead Time），平均為改善前的25%。從裝配工位使用坪效、人員效率、半成品庫存觀察，績效非常顯著。如果以業界平均作為競爭優勢比較的基準，精實系統優勢能夠在顧客願意付的價格（WTP；Willingness to Pay）下，達到消除浪費、降低成本（C）的效果，獲利（P）截然不同。（見下頁圖中）

❷ 變革的心法──跨越時間空間分工疆界

2011年4月，基於五年來執行各項精實活動已取得良好的績效，中衛中心發動台中精機、永進機械、東台精機、台灣麗馳與百德機械等5家業者與其協力廠商加入，擴大為M-Team聯盟，並推舉台中精機總經理黃明和為首任會長。

　　M-Team聯盟提出了兩個主張。第一，台灣工具機產業歷經最近30年的努力，已扎下深厚的「硬實力」，透過M-Team各項精實活動的「軟實力」的引進，將產生「巧實力」，為台灣工具機產業創造新一波的國際競爭力。第二，具體提出透過產業組織的努力，共同朝向「兩年保固」的品質精進，以及「平均單價提升兩萬美元」的價值提升，兩大目標邁進。

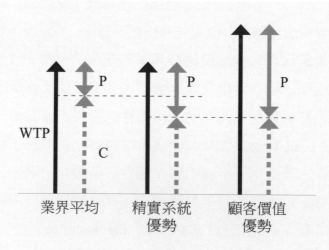

圖 從精實系統優勢邁向顧客價值優勢

M-Team聯盟所提倡的價值提升顯示，價值創造的途徑正從精實系統的降低成本優勢，邁向顧客價值創造優勢。（見前頁圖右）

迎接嚴峻的歷史性挑戰

台灣工具機產業是極少數沒有依賴國外技術，透過個別企業與協力網絡的持續演化，發展成為在國際舞台上具競爭力的本土產業。獨樹一幟的模組技術暨群聚優勢，結合1990年代以來的大陸市場機會，走過了全球僅見的20年榮景，卻也正面臨史無前例的歷史機會與嚴峻挑戰。

M-Team聯盟第二、三任會長陳伯源與胡偉華都秉持設立目標，運作非常活絡，其中台灣麗馳結合幸福企業主張，在裝配節拍化與配套供料上進步最多，不僅呈現了後來居上的TPS新秀態勢，並將M-Team聯盟活動帶向高峰。基於地緣關係，東台集團後來在南台灣結合集團內5家公司，自行籌組一個聯盟；友嘉集團總裁朱志洋在2011、2012年間參觀過台中精機及永進機械後，集團兩岸工具機事業部也籌組F-TEAM聯盟；程泰集團旗下程泰、亞崴公司正籌組聯盟，並委請中國生產力中心輔導。M-Team聯盟顯然已經有效帶動同業籌組聯盟，據有良性發展與競相學習的意義。

M-Team聯盟是先從精實變革出發，享受精實製造優

❷
變革的心法——跨越時間空間分工疆界

勢，目前正邁向結合顧客需求的產品升級，堪稱是一項歷史性的挑戰。儘管非常困難，台灣主流企業的戮力投入，讓我們與有榮焉。走過2013至2016年的衰退，2017年起工具機產業正積極掌握新一波的國內外需求，力圖恢復活力。我們認為，M-Team聯盟的價值創造途徑，就是領銜台灣工具機，積極迎接精實系統與顧客價值兩大創新的挑戰。

10

韓國汽車產業的精實生產變革

　　精實生產的熱潮已再次到來。然而，這不僅只是導入相同生產方式如此簡單。本文將介紹成功導入精實生產的韓國企業所付出的努力，以及邁向成功的條件。

韓國精實系統學習的挫折與發展

　　1980年代日本企業國際競爭力的提升，以及歐美國家尤其是美國的產業競爭力下降，促使日本豐田生產方式受到矚目。以美國MIT研究中心為主的研究團體，提出以新的生產系統代替大量生產，也就是豐田生產模式的「精實生產」概念，1990年出版的《The machine that changed the world》一書，被翻譯成12國語言，在全世界銷售一百萬本以上，其中美國就銷售超過60萬本，中譯版為《臨界生產方式：改變世界的企業經營體制》。因此，不只先進國家，韓國等新興國家，以汽車產業為主紛紛導入豐田生產系統，引發90年代的第一次精實生產變革熱潮。

　　然而，當時汽車產業忽視了豐田生產方式的本質，聚焦於模仿看板等要素，未達到預期成效，豐田生產熱潮逐漸退去。本書合著者吳銀澤教授對韓國企業的調查，證明了這個現象。譬如，1990年代後期的調查即顯示，韓國汽車企

業不僅導入豐田汽車的看板系統，並組成現場改善團隊致力生產方式變革，但不到半年的時間，即中止使用看板系統，停止豐田生產改革活動。

因此，韓國企業的精實系統知識學習，事實上就是挫折中斷與重新學習的不斷重複。基於這樣的反省與回饋，部份韓國企業實踐了符合本身相關條件的精實生產系統。

精實變革熱潮再起

2001年豐田汽車提出「Toyota Way 2001」，宣示全世界的豐田汽車據點應共有該項價值觀與手法。伴隨豐田汽車的國際化，豐田汽車認為需將長期以來所流傳的價值觀與手法，賦予明文規定。這項宣言指出，豐田模式的核心概念為「智慧與改善」以及「尊重人性」。「智慧與改善」強調不能滿足現狀，應不斷的激盪想法尋求更高的附加價值，而「尊重人性」則是尊重所有的利害關係者，強調員工的成長和企業的成就是環環相扣的。

豐田模式宣言發表之後，美國密西根大學Jeffrey Liker教授於2004年出版《The Toyota Way》一書（中譯版：《豐田模式：精實標竿企業的14大管理原則》），以豐田管理原則為主要內容，再次引發對豐田生產方式的關注。不僅是汽車產業，包括鞋業、纖維、電子業及機械產業，甚至政府機關及服務業等，皆紛紛導入精實生產，引發第二次精實

生產熱潮。

　　韓國的三星集團、LG半導體、LOTTE等財閥系企業，也都大規模研究豐田汽車具體做法，導入適合自家企業的要素。由汽車產業拓展至各大產業的第二次熱潮，不再只注重個別技法，最大特徵在於重視公司整體的意識改革及組織變革；生產線編成由原本的功能別改為產品別流線生產，以盡可能減少生產變動的拉式生產系統為目標。

　　上述豐田生產之理念，以「精實生產」為名，從美國開始普及到整個世界。觀察其內涵，生產現場的應用漸趨熱烈，惟第一次熱潮中遇到的困難，依舊存在。筆者對韓國企業的考察發現，成功企業具備三點特徵。

邁向成功的三個條件

　　首先，符合豐田生產本質的平準化要求。透過全公司上下共同努力，結合需要的變動、有效率的生產，徹底達到靈活及效率並存之流線生產，透過問題之突顯與改善，達到最小需要變動的平準化目標。因此，開發—生產—銷售—零件廠商的有機連結機制，有效建立生產節拍是非常重要的。而作者所調查分析的韓國「現代MOBIS」和「現代汽車」的模組化及JIS（Just in Sequence），即非常重視豐田生產方式這個本質，堪稱豐田模式運用的最佳寫照。（請參照下頁圖）

　　第二，充分掌握自家企業的經營環境與組織能力，進

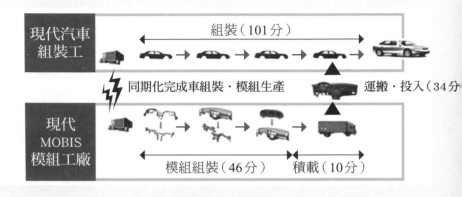

<table>
</table>

圖 韓國現代汽車JIS流程

資料來源：吳銀澤教授面談與《韓國文化日報》（2012.08.22）

行階段性導入。韓國汽車企業中，生產變革成功的企業，為了徹底實施流線生產，採取了固定標準庫存量，亦即在前後工程間設置緩衝區，並安排稱為Keeper的間接人員支援瓶頸工序、確保品質。這正是韓國零組件企業為因應頻繁變動的生產計畫，致力於品質與作業員技能的努力，所調適出的獨特豐田生產方式。另外，在工具機產業，企業結合豐田生產之現場改善與美國的「六標準差管理方式」，活用現場人員與管理者的能力，致力於生產改革，也就是結合了豐田生產中作業員的現場解決問題特點，以及管理者的科學管理。

第三，高階經營層的堅持。豐田生產方式在豐田汽車

歷經七十多年努力，並非短期間內生產改革所形成，而是在經營者堅強的信念下，管理者累積的思維與工作人員努力改善所產出的結果。因此，改革過程中的抵抗是必然的，現場作業員及管理者的反彈也一定會發生。例如，筆者所調查的韓國鞋業、汽車、電子機器製造商中，即因工會和管理者之間的不合，引發強烈反彈，被迫中斷的例子也非常多。因此，高階經營層的堅持、核心人物和改革領導者的培訓，以及從業人員的教育，都是不可或缺的。許多成功克服抵抗聲浪的企業，經常透過舉行「社內創新學校」和「社外教育研習」，持續推動組織改革。

韓國企業的數位化與連結化

2000年以後，全球精實學習焦點，放在IT技術積極運用；包括IT風潮下所產生的產品需求迅速變動，以及活用IT建構靈活應對變動的生產方式。包括減少對高度技能依賴的自動化生產、網路連結零組件企業和組裝工廠間的高度生產資訊系統、實體資訊和數位資訊的高度化連結等，努力實現以「因應個別需求」為中心的價值創造。

這些努力的過程與結果，讓韓國精實變革具備數位化與連結化特質，被認為是2000年以後韓國企業國際競爭力提升的重要特質。

第

3

輯

精實智慧製造的
內涵與共創系統

本輯將從工業4.0智慧製造的挑戰揭開序幕，解析本書核心概念：

精實智慧製造的共創與子系統。同時也收錄了日本、美國與韓國的物聯網應用與精實智慧工廠的現況。讀者們將會發現：工業4.0並非如字面那般具有革命性的戲劇張力——事實上，在晉升更智慧的製造者前，已有許多的先進產業營運者探清了新數據資訊的力量背後，其實更需要製造流程能力的基本功配合。

迎接工業4.0智慧製造的挑戰

工業4.0是一種透過物聯網（IoT）、大數據（Big Data）等數位化科技，整合顧客與供應鏈夥伴，能夠調適顧客需求、節約資源，達成大量個別客製生產的智慧製造。德國於2010年提出《高科技策略2020》，2011年德國科技院（ACATECH）啟用工業4.0名稱，在2011漢諾威工業展一舉成名。

工業4.0在德國政府國家政策帶動下，已經成為繼美國製造回流之後，全球最受注目的製造議題。工業4.0被認為是相對於蒸汽機、電力、電腦普及的第四次工業革命。在這個德國政府定義的工業發展歷史中，英國、美國、日本被列為前三階段的代表，德國在工業4.0的當仁不讓與行銷得宜，凝聚了強大的群策群力效果，在聲勢上大幅領先美國2011年提倡的先進製造夥伴計畫（AMP），更帶動各工業國的危機意識。

本文從洞察工業4.0的本質出發，檢視它在製造產業顧客價值的創造過程，所造成的影響。

智慧製造不盡是光鮮亮麗

首先，我們認為德國政府將以日本為代表的工業3.0，

與電腦化畫上等號，是讓工業4.0遭到誤解的重要原因。固然在1980年代日本電子電機產業曾經領先全球，其競爭力卻不在電腦或電子零組件，而在受到汽車產業影響的日本生產模式。因此，嚴格說工業3.0的TPS超過電腦化與資訊化。

2018年1月底，日本製造系統廠商NEC的智慧製造資深專家金子典雅，在歡迎我們到訪的報告提出了幾個重要觀點。

「製造企業要先做好結合本身生產流程與供應商流程基礎，活用IT才能事半功倍！」

「協助顧客企業釐清IoT導入目的，比任何事情都要重要！」

「IoT結合雲端，看起來是很酷或很炫的流行或趨勢，但落實到製造現場仍然顯得非常樸實，需要實事求是！」

同行的夥伴包括本書的四位作者都一致認為，這是我們聽過最實在的智慧製造報告。事實上，智慧製造一點都不新。RFID、條碼就是IoT，資料探勘（Data Mining）宛如大數據。日本在工業3.0領先既不是資訊工具，也不是以MRP為代表的演算功能，而是最基礎、以顧客為導向的標準化與流程化。因此，如果認為導入IT工具或投資智慧工廠就可以獲利，是典型將手段當目的，推動意義將大打折扣。

因此，對於經營者最關心的議題：「政府積極提倡，工

業4.0的投資真的能夠回收嗎？」作者的回答相當明確：「這是沒有答案的問題，因為工業4.0代表一種數位化科技，一種手段。」

我們認為，以價值創造為目的，工業4.0在本質上是精實系統的延伸，是一種精實智慧製造。在精實系統基礎上，能否從顧客價值觀點出發，秉持開放精神發展出Solution Business，則是迎接工業4.0智慧製造的最大挑戰。

顧客價值創造：MAKINO vs. FANUC

源自豐田生產體系的精實系統，主張「為後製程製造」與「平準化生產」，在本質上具備顧客價值、精實流程，以及產出穩定而能夠預測等特質。這些特質正是工業4.0追求的目標。豐田汽車堅持：（1）先合理流程再進行電腦化、（2）動腦筋與用心「改善」、（3）結合供應商一起學習。而這三大堅持，也正是支配智慧製造是否成功的軟實力。

相對而言，堅持現場主義的精實系統，卻有可能忽略ICT技術的新型智慧能力。換句話說，ICT技術影響製造日新月異、感測器的廉價與普及，讓物聯網提供具科學依據之優異課題與問題解決水準。讓精實系統進一步強調顧客價值與源自感測器的資料取得與分析的價值創造結合，形成徹底消除浪費、具備個別客製精神的精實智慧製造，可能是工業4.0最重要的貢獻。

我們最近考察日本工具機大廠MAKINO（牧野銑床），與高木幸久本部長、饗場達明本部長有非常深入的交流。我們發現MAKINO正結合市場機會邁向歷史高峰，製造現場第一線的精實系統與IoT應用，展現了兩者間的相輔相成。我們觀察到的特質包括：

一、重視並堅持核心技術（如主軸）的內製、精進、驗證與傳承；

二、重視技術系統整合能力，整合方法以人員技術達成為主、軟體工具應用為輔；

三、機連機的軟體開發以最務實的OEE（綜合設備效率）為指標、不談大數據等抽象項目；

四、相同概念也用在現場組裝進度、人員潛力發揮、配套供料與供應商管理；

五、IoT與AI不僅不會取代人力，經過工作內容的務實分析與區隔，甚至可活用家庭主婦等社會剩餘人力，緩和少子化與高齡化衝擊，以及因應旺季發展的彈性需求。

位於富士山山麓的發那科（FANUC）則提供了迥異的思維。發那科宛如一個王國，擁有39棟廠房或研究大樓，我們由小針專務導覽了其中的6棟。堅持品質與保證服務堪稱兩大特質，因此人力也幾乎都投在開發技術與營業服務，其他部門都傾全力、不設限的活用機器人等自動化設備。我們參觀的機械加工、機器人組裝與伺服馬達組裝，正是

上述理念的實踐典範；在結合工業機器人與NC控制器推廣上，則非常智慧。因此，小針專務說，發那科的製造思想迥異於豐田，他們沒有推動TPS。在IoT方面發那科則秉持開放觀點，致力於自己擅長的控制、技術與機連機部份，無意參與雲端或大數據。

MAKINO的多樣少量、客製等產品特質，與發那科鎖定了機器人與NC控制器等可量產的製造設備核心或延伸單體，儘管型態迥異，高顧客價值帶動高獲利，卻有異曲同工之妙。

價值創造型智慧製造的三個特質

發那科畢竟是特例，Panasonic的近期主張也非常具有代表性：高品質大量製造的思想已經阻礙日本製造企業的創新，從顧客價值出發的客製、多樣少量產品趨勢，才是創新主流。產品數位化結合IoT日漸普及，智慧社會已經出現。然而，我們檢視支持智慧社會需求產品的製造現場本身，IoT的價值創造應用，具備三個特質：

第一，IoT代表IT技術應用已經從1985年以MRP為代表的演算能力、經過2000年以ERP為代表的跨越企業藩籬，進入無遠弗屆。IoT有能力即時掌握企業內外的變化，區別個別企業的核心能力與公共財的經營資源，才能迴避網路風險、享受開放創新環境。

第二，將前項取得的數據或結果，達到控制系統狀態並追求最佳化。此處的最佳化代表一種解決問題的流程，從顧客價值觀點，也可以說是一種製造服務化或解決顧客困擾的軟體流程。

　　第三，提出解決方案。對系統而言，代表一種能因應狀況變化，自律地調整達成目標的過程。如自動駕駛、自動排除故障、軟體自動升級等。在實體系統或組織間關係則包括可靠度或信任關係等層級的解決機制。

　　開放創新為加州柏克萊大學伽斯柏（Henry Chesbrough）教授所提出，主張企業打破封閉的研發界線，廣泛與外界共享創新的素材和能量，達到共享知識、共創市場目標。我們比較20年前勢均力敵的日本半導體企業（如日本真空、佳能）與荷蘭的ASML，如今已經相差五倍以上，開放創新堪稱主因。最近發那科主導的Field System，豐田汽車的自動駕駛發展，紛紛提倡公開專利或開放聯網等，改採開放創新策略，其來有自。

　　在下一章，我們將提出智慧製造基本型的3S（sensor、software、solution）架構，即包括實體體系與網宇系統的應用架構。正如同我們將顧客價值區分為可以客觀衡量的功能型價值與反映顧客使用流程的方案型價值一樣，精實智慧製造的水準，一部份可以用工具或指標來客觀衡量，其他部份只能由顧客主觀認定，亦即經實際使用或體驗結果

來認定。

實踐智慧製造的三個挑戰

　　德國相關研究陸續指出，中小企業是實踐工業4.0的最大瓶頸，日本中小企業也有相關發現。中小企業在能力與人才上受到限制，固然是重要原因，整個產業界能否聯手同步迎接精實智慧製造3個觀念變革的挑戰，才是最大關鍵。

　　第一，堅持後製程就是顧客，關注對最終顧客的貢獻。從觀察後製程實際作業流程或對最終顧客的貢獻，提出解決方案，追求雙贏。包括資材管理、零組件加工、機器組裝、產品出貨、顧客服務，全面落實才能發揮智慧製造效果。

　　第二，堅持服務主導邏輯。顧客價值不在產品性能，而是來自顧客的使用價值或感知過程。重視顧客價值的服務主導邏輯，是從銷售產品邁向提供解決方案的Solution Business的精神指標。

　　第三，共創開放平台與信任機制。物聯網時代資訊無遠弗屆，開放才能進行3S價值創造，才能把餅做大、做精。信任才能從資訊共享邁向價值共享，共同防止資訊外流與駭客攻擊。

精實智慧製造的價值創造與子系統

最近幾年，物聯網與大數據等數位化科技，逐漸由 AI 整合，正於自動駕駛、醫療、金融與製造四大領域，展現出強大的影響力。其中，智慧製造公認是代工起家、擅長結合供應鏈夥伴調適顧客需求的台灣，最具潛力的發展方向。

本文首先提出對精實智慧製造的基本主張與應用架構，同時從國際知名先進案例歸納精實智慧製造全貌，並據此彙整台灣精實製造的最新代表案例。

智慧製造的價值創造原理

智慧製造是透過具備連接功能的智慧產品或服務取得高績效的製造模式。作者曾經在本欄用 3S 架構加以說明。亦即透過感測器（sensor）即時取得與儲存資料，依照具備明確目的的運算軟體（software）進行包括假設、分析與驗證的處理，提出最適的解決方案（solution）。下頁圖呈現了從這個概念整理的智慧製造基本架構。

我們在全球製造業的第一線發現，近年不僅產品雲端的智慧工具應用軟體、解析引擎、應用平台與資料庫趨於成熟，甚至 IC Tag（物）、感測器（設備）、穿戴物件（作業員）、網路攝影機（地點）等的普及與廉價化，使得數據的

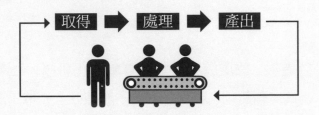

圖 智慧製造基本架構

取的成本大幅降低。

然而，透過智慧製造真正取得價值的典範案例仍然非常稀少。

譬如，部分工具機企業的現場智慧化工具使用水準大幅提升，卻無法解決配套供料問題，在降低在製品庫存、提升組裝效率上乏善可陳。如果使用智慧製造工具，最終卻無法提升產效或縮短交期，在價值創造上就沒有說服力。

針對這個案例，智慧製造基本架構顯示兩個關鍵原因。

第一，具備結合提升產效或縮短交期的清楚目的。產出達成目的、具備價值的解決方案，並據此凝聚共識讓PDCA有效循環。

第二，具備讓智慧化工具本身，能夠有效精進製造流程。許多案例顯示，要先將製造流程合理化與標準化，才可能享受智慧製造成果。

精實智慧製造應用架構

精實系統正好支持著這兩項關鍵。精實系統主張「為後製程製造」與「平準化生產」，在本質上具備顧客價值、精實流程，以及產出穩定而能夠預測等特質。因此，精實智慧製造強調合理流程與顧客價值，結合資訊的傳達與智慧運算，形成全新的競爭力。

這個精實系統所支持的智慧製造應用架構，包括看得見的實體系統與在雲端的網宇系統。從實體系統取得、收集與傳送，分析過程的可視化，以及經由本質解習得（深度學習）的防止再發，回饋到實體系統，讓智慧製造真正達到後製程或顧客觀點的價值創造。

Panasonic群馬廠透過作業員穿戴攝影機取得數據，不僅初次製造時的錯誤能夠可視化與及時修正，也能對比出作業浪費，經由影像分析得出的4,000種產品各約30項製程的最佳化資料庫，能讓實體系統達到防止再發與消除浪費的深度學習效果。

值得注意的是，這個分析與問題解決來自過去現場製造的SOP建立，以及品質工程回饋下的SOP精進。精實智慧製造不僅減少對專業資深人員的依賴，最重要在於提升改善速度、提高顧客價值。

在本質上，精實智慧製造主張目的遠比技術重要，消除浪費與創造價值是目的，沒有目的，手段本身高明並沒

❸
精實智慧製造的內涵與共創系統

有意義，甚至只是高成本的象徵。實現「智慧工廠變革」
（The Smart Factory Revolution），需要有目的，以及達成這
個目的的智慧設備系統（Intelligent System）的執行能力，和
網宇實體系統（Cyber Physical System）的數位能力，兩大支
柱。網宇實體系統是指IT與實體的連結與互動系統。換句
話說，是將實體世界的資料取入IT世界，並透過高度處理
對實體世界產生作用的系統。

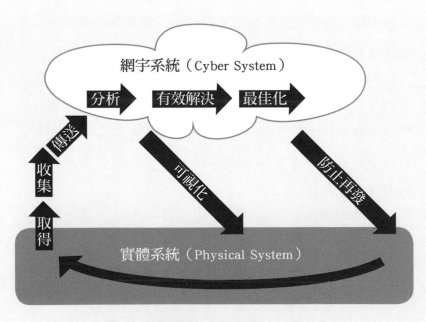

圖 智慧製造基本架構

因此，精實智慧製造是一個能夠消除浪費與創造價值的實體系統。它能夠在系統上取得、傳送與分析資料，持續改善實體系統、提升顧客價值。

精實智慧製造就如同它的名稱，重點不在於技術上能做什麼，而在於實質上能夠多麼聰明的創造價值。（見下頁圖）

先進企業從精實邁向智慧

很多人知道，GE（奇異）是實踐製造服務化的先驅。其營業額與服務部門比重變化，在1980年為250億美元，服務部門占15%，於1990年增加到500億與45%，到了2000年，營業額達到1,225億，服務部門的營收首度超過75%。GE在2013年將中國與墨西哥生產的電熱水器與洗衣機移回肯塔基州的Louisville廠、2015年賣掉了金融部門專心投入智慧製造；近年在矽谷設立軟體分析中心，透過飛機引擎、醫療器材、發電設備的感測器，分析作業情形、溫度與能源消耗，提出各式各樣的改善方案，是公認智慧製造的先驅。

卻很少人知道，GE在東京日野市的醫療器材廠設立了全球研修精實系統的總道場，全面奠定智慧製造的基礎建設。

小松（Komatsu）是日本最大的建設機械企業，早年從

售服流程取得數據改善產品弱點，創造了具備使用價值的設備，公認是精實產品開發的典範案例。2001年將連接衛星定位系統（GPS）的KOMTRAX列為基本配備，啟動智慧製造。小松利用GPS與感測器，即時回報機具狀態資訊，經演算整合，分送顧客與服務據點。具代表的solution包括（1）透過水溫變化預知故障，讓使用顧客邁向零故障損失；（2）掌握不正確操作、感知被不正常移動或零件拆除等，達到提高顧客使用效率與防止失竊的目標。

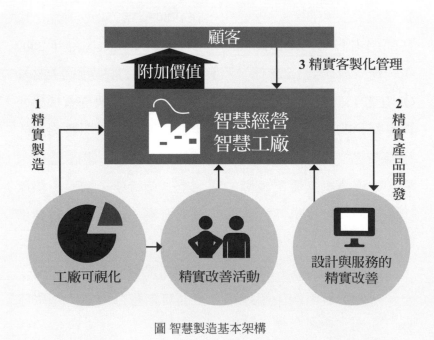

圖 智慧製造基本架構

經由GPS的使用資訊，掌握不同地區使用顧客特質與成本結構，有效發展 Solution Business，更是獨樹一幟。譬如從中國大陸人工成本低、建設機械的24小時使用與全年無休，精算出油耗居成本結構之冠，預知油電混合建機在中國的商機。如同預估，2008年推出的油電混合建機熱賣，2009年在中國的占有率一舉從18.7％提升到21.2％，最大競爭對手卡特比勒則從13％跌到8.7％。

檢視以上國際知名案例，從個別企業競爭策略觀點，精實智慧製造的三個子系統隱然成形，包括精實製造、精實產品開發與精實客製化管理。

台灣精實智慧製造先驅

作者在科技部支持下設立了精實系統知識應用聯盟，以中台灣的精密機械、自行車與航太產業為中心推動產學合作。剛剛結束的2017年大會，參與企業達58家，包括智慧製造上知名全國的代表企業。譬如：研華科技與上銀科技在支援智慧製造的實體系統上，提供了卓越的智慧設備元件，已經成為智慧工廠的推手。

如果依照本文提出的三個子系統，聯盟亦擁有被視為典範的正在進行之中，或者是已經成功的三個先驅案例。

首先是崴立機電，落實了裝配節拍化與配套供料的智慧製造。崴立機電以5S與SOP精進為基礎，以精裝單件製

造、鏟花與加工台份化為基礎，結合ERP系統，2012年全面實現了裝配節拍化與配套供料，堪稱精實智慧製造先驅。首條立式綜合加工機裝配線，每兩天產出一台，累計生產已超過500台。

其次是高聖精密機電，與美國辛辛那提大學李傑教授合作，率先推出智慧鋸床。高聖結合感測器與智慧手機應用程式，協助使用顧客預知使用壽命或故障、防止停機，提升顧客價值。2016年在東京機展推出，引起日本產業龍頭Amada的關注與交流。

最後是友嘉集團與東海大學合作中的精實客製化管理。友嘉集團以在中國大陸擁有完整售服系統、直接銷售著稱。東海大學精實系統團隊則積極推動提案型營業與客製化平台管理。這項產學合作的目標是從顧客製造流程進行具備附加價值的提案型營業，經由營業、開發與製造聯手打造的客製化平台管理，達成準時交貨。

13

日本工具機業界的工業4.0與物聯網

　　最近時常聽到大家在談論工業4.0或物聯網。雖然工業4.0以物聯網的運用作為基礎，但是為了處理大量的資訊，必須要運用人工智慧的技術。2017年在「日本國際工具機展覽會」（JIMTOF）當中，各家參展公司展示了應用物聯網的實例，其中發那科公司推出Field System聯結了會場內80家企業250台工具機的資料，並將其中的運轉情況展示出來。在2018年春天的「中國國際工具機展覽會」（CIMT）當中，不只是日本，中國、台灣的主要企業也跨入了物聯網的領域。

　　今後該如何實現物聯網的工業4.0，並且加以廣泛應用呢？我們可以試著從過去到現在的發展狀況當中，思考將來的進行方式。

電腦控制的自動化時代

　　從1980~1990年代的彈性製造系統（FMS，Flexible Manufacturing System）或自動化工廠（FA，Factory Automation）進步到電腦整合製造（CIM，Computer Integrated Manufacturing）的時代，開始需要使用電腦自動控制機器，也開始出現機械電子工程（mechatronics）這個名

詞。接下來，隨著網路的進步，發展到區域網路/廣域網路（LAN/WAN，Local Area Network/Wide Area Network），即使在工具機業界也是由公司內的區域網路來建構自動化工廠，利用廣域網路與外部交換資訊。

本書合著者桑原喜代和在1991年參與了自動化工廠的建設計畫，負責資訊系統的建構。靠著5項彈性化系統將機械加工無人化、透過自動倉庫與無人搬運車將工廠內的物流自動化，並且用網路將這些系統串聯在一起。此外，我們開始收集切削液供給、碎屑回收等附屬裝置的運作資訊。在當時這是一個劃時代的自動化工廠，在工廠內使用區域網路進行網路化，透過廣域網路定期接收總公司的生產計畫，並回饋運作的實際績效。

過了25年後，現在的機械設備、各項裝置與硬體雖然更新過，軟體仍舊如當初的思考模式一樣，持續在自動化工廠不斷運作。然而，運轉數據與警報裝置累積的資訊量非常龐大，以當時的電腦而言，無法處理這些大量的資訊情報。

當時，大型製造商的服務部門將已交機的工具機控制裝置進行連線，開始幫客戶進行遠距離的故障診斷。由於當時使用電話線路，連線速度非常慢，也無法提升服務內容。最終這項服務不僅無法擴展提升，由於花費了高額的費用卻看不出效果，因此就在不知不覺之中消失了。此後的

真正突破在2000年代，也就是前一章所介紹的日本KOMA-TSU與美國GE案例，堪稱物聯網的先驅。

物聯網的核心技術M2M（機器對機器）運用網路連結了控制裝置與電腦，在其他機器安裝感測器就可以獲得相關資訊。這不只是單純地大量收集情報，而是利用人工智慧進行分析，從中找出最佳方案，並以控制機器的方式讓資訊雙向流通。比起機械電子工程或區域網路／廣域網路的時代，現今電腦與網路的效能更加顯著。透過雲端與網路就可以創造出實現物聯網的環境。這樣不僅能實現過去機械電子工程時代無法完成的事情，也能創造出一個全新的世界。

2017年5月，Mazak公司將岐阜縣的兩個主要工廠進行重整，改建為可以應用物聯網的智慧型工廠。目前已將總公司的工廠導入智慧型系統，在提升產能的同時，建立出有效提升多樣化生產的體制，而物聯網的系統平台是與美國的思科系統公司進行共同開發。

OKUMA在DS1與DS2實踐精實智慧製造

OKUMA公司也幾乎在同一時間，完成了新工廠DS2（Dream Site 2），並導入了日立製作所的系統平台「Lumada」，同時實現了「生產可視化」與「工廠控制高速化」。OKUMA的DS1為立式與臥式MC生產工廠，是從零組件加

工到產品組裝的垂直整合生產工廠，DS2則生產中小型車床。DS1於2013年完成，搶先了一步實現了智慧工廠。DS2在這之後透過導入進步的IoT先進技術。兩間工廠以同樣的概念，執行同期零組件加工與產品組裝。加工與組裝之區域間配置了配套供料區域，實現了以組裝需求拉動加工的精實流程目標。

加工區域透過IoT將流程的進度與機械的作業狀況可視化，並透過分析進行持續改善活動，邁向高效率生產。零組件管理採用RFID，以非接觸與自動的方式識別零組件，將設備機器、機器人與物流機器進行連結，構成了進度與物流管理系統。並與ERP的生產管理系統合作，進行產品的組裝計畫，並同期拉動零組件的加工與材料調度。使用平板電腦進行生產計畫指示與作業實績的收集，並在大型螢幕上將生產計畫、進行狀況、設備運作狀況與實績等進行表示。從DS1至DS2，再將工業4.0與IoT的進展回饋到整個生產體制。

OKUMA公司的DS1與DS2以實現大規模訂單為目標。工具機為典型的多品種少量生產，但因在對應個別顧客要求的同時，需考量大量生產和同等之高品質與低成本的生產。TPS的究極目標為單件流生產，為了將在工具機生產實現加工與組裝的單件流，追求以IoT為基礎的智慧製造。換句話說，不以工具機單機或部門的自動化、無人

化、智慧化所達成的生產力提升為目標，而是透過ERP，從出貨拉動產品組裝，活用ICT的資訊共享能力，希望實現整體最適的機械加工與配套供料。智慧機器結合零組件配置的RFID，使加工和物流的指示可以自動、正確、且迅速的進行。零組件與產品的生產狀況、機械和設備的運作狀況、材料調度與購買和委外等各種數據，透過可視化與分析，達到能夠確實改善的目的。

向中小企業普及

在工業3.0的機械電工程的時代裡，OKUMA公司實踐了彈性製造系統和自動化工廠。在那之後導入ERP，建立了企業整體的生產計畫以及情報管理系統，使得生產現場和管理部門得以整合。工業4.0和物聯網就處在這時空背景的延長線上。隨著智慧型工廠DS1和DS2的啟用，以ERP為基幹系統並與IoT做結合而使得大規模定製不再是一件不可能的事。因應顧客需求，每台單位的生產不僅是產品組裝和零件加工，還需要同步調度和採購材料。企業資源規劃系統和物聯網便是達成此一任務不可或缺的前提條件。物聯網並不只實現在製造現場中的智慧生產，若與基幹系統的ERP相結合便可期待更廣、更大、更高層級的效果出現。

透過建設DS1與DS2，公司內部單止生產體制的提

升，並將自身公司製品品質提升，另外，IoT之應用技術和範圍也逐漸拓廣，在今後也可能將此經驗提供給顧客，特別是資源比較匱乏的中小企業。

有家公司以「小工廠也能在物聯網提供成效」而成為熱門話題，即是專門製造豐田汽車零件，位於愛知縣的旭鐵工公司。它的第二代社長曾在豐田汽車工作，回到了自家公司後，開始導入精實生產與看板管理。然而，由於很難將所有生產數據一字不漏地寫入看板，因此他們開始思考如何進行自動化管理。此外，從外部導入系統的價錢昂貴，因此決定自行研究開發。2014年他們在機器上安裝無線感測器，收集生產數量、運轉時間與停止時間的資訊，並在隔年增加了新的感測器，以便掌握循環時間。明確掌握停止時間與循環時間的數據後，再進行降低時間的改善活動，其中只要花費少許的費用，就可以獲得很大的效果。從2016年起，他們開始對外販售這套系統。聽了旭鐵工公司社長的演講之後，我深深感受到只要肯用心去做，就算是沒有專家的中小企業，也能靠著自身努力進入物聯網的世界。

從上述的例子來看，不只是大企業，即使是中小企業也能應用物聯網進行活動。這些例子的共通部分是一開始先在公司內進行導入與驗證，展現效果之後，就會開始對外販售。目前為止製作這些產品的企業會先在公司內部使

用物聯網系統，再將實際成果作為新商品提供給客戶。

「先精實，再思考價值」的推動方法

我們認為應用物聯網是精實改善的延伸，不需要花費高額的費用，而是先看清楚目前的趨勢動向，從實際可行的地方開始導入系統。以往在精實管理中，有低成本自動化這個名詞，這是指在現場時善用一些「技巧」，以不用花錢的方式進行改善活動。以物聯網來說，同樣可以先從協助製造現場的精實改善開始，在確認成效後再進行延伸與發展。從小處開始著手，逐步累積實際的績效是最好的發展方式。

去年日本經濟產業省與相關機構以優良中小企業為對象，進行應用物聯網的招募活動，總共有106項應用方式獲得認證，並以「智慧製造支援方式」為名對外公開發表，其中也公開了40項「優良中小企業的物聯網活用事例」。此外，也有介紹許多國外的實例，包括最初德國提倡工業4.0的應用事例。從這些先進的應用方式到中小企業的實例，很多內容都具有參考價值，我們可以從中思考自身的公司從哪邊開始發展比較好。

現在是發展工業4.0與物聯網的重要時期，我們必須將自身公司在的導入目的與應用藍圖畫出來，並以此為目標開始發展。此外，發展這套系統不只是為了公司本身可以

獲得成效，也要規劃今後作為新商品該如何進行銷售，換句話說從使用者的觀點，思考加裝感測器或自動化裝置的顧客價值。現在世界上的物聯網已經開始蓬勃發展，不再是過去觀望的階段，而是開始實行的時候了，讓我們用結合價值創造的創新與積極的想法，一起迎接這項全新的產業革命吧。

14

當精實管理遇見生產力 4.0

　　近年來各先進工業國紛紛吹起一股「工業 4.0」旋風，當精實管理系統遇見這股旋風，對生產製造管理會產生何種影響，將是一個非常值得思考探索的議題。

　　「工業 4.0」自 2011 年德國漢諾瓦工業博覽會（Hanover Messe）正式被提出之後，此一結合自動化與資通訊技術（ICT）的製造業發展趨勢迅速蔓延，各先進工業國家積極提出適合他們各自特性的「工業 4.0」版本。美國 2011 年推出先進製造計畫「AMP 計畫」；日本 2013 年提出「日本產業重振計畫」，以設備和研發之促進來振興製造業；韓國 2014 年提出「製造業創新 3.0 策略」，協助中小型製造業建立智慧化與最佳化生產程序；中國大陸 2015 年頒布「中國製造 2025」，支持發展高端製造設備，促進製造業資訊化，以因應全球生產製造朝向資訊化、智慧化發展下，將量化生產進化為多元訂製式量產服務模式，並促進產業供應鏈加速垂直與水平數位化。

台灣版生產力 4.0

　　因鑑於德國工業 4.0 以發展網宇實體系統（CPS）為主，美國強調資通訊加值服務，而台灣目前雲端科技，物聯

❸
精實智慧製造的內涵與共創系統

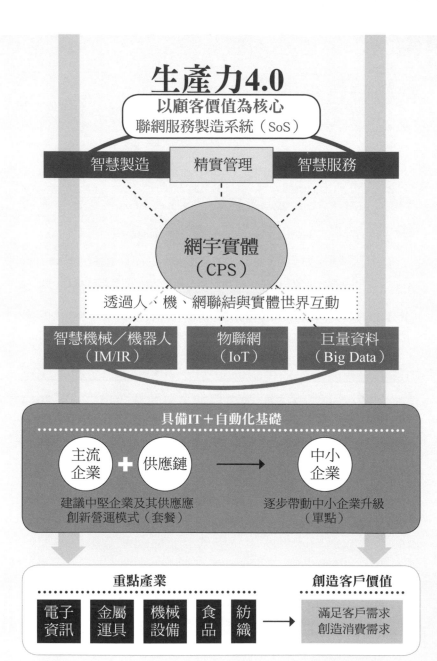

圖 生產力4.0的架構

網、即時感知，大數據分析，智慧機械/機器人，人工智慧，3D列印及行動網路等技術已經達到一定的水準。台灣在2015年結合了各國不同版本的優點及結合精實管理啟動了台灣生產力4.0智慧密集產業，並特別選定電子資訊、金屬運具、機械設備、紡織與食品等製造業，冀以提升產業附加價值與生產力，創造整體產業下一波成長新動能。經濟部工業局所規劃生產力4.0的架構如左圖。

精實生產管理之所以廣受採用，乃因其針對以大量生產方式為主之企業提出一套因應多樣少量之製造業生產方式，重點在於突破過去傳統思維之大量生產，讓企業革新成為以顧客需求為價值導向之小批量生產方式。而精實生產是在上個世紀50年代發明的，當時資通訊技術尚未問世。在傳統的精實生產環境中當生產製程、緩衝庫存或週期時間產生變化時，需花較長時間調整看板的設定，而當產品的生命週期越來越短時，所面臨的挑戰就越大。所以如何讓精實管理在生產力4.0的環境中發揮貢獻，或者說如何運用生產力4.0新的技術讓精實管理做得更加精緻，以下分享幾個實踐的方向與作法供大家參考。

讓整個生產系統可以聰明起來

工業4.0的特色是達成自主控制與動態生產以實現價值鏈的優化。運用微控制器、致動器、感測器和通信介面所

佈建而成的網宇實體系統（CPS），藉由ICT技術與網絡系統提供即時信訊，讓整個生產系統可以聰明起來。

　　例如，以節拍組裝與單件流的精實系統中需要看板系統讓資訊可視化（visible）與同步化（synchronized）。傳統的實體看板，透過數位化技術可以變成電子化及虛擬化。在e-Kanban系統中（Lage Junior and Filho, 2010），任何一個遺失或空的料箱會被感知器自動地偵測到，且系統可以自動地啟動補貨指令。有了ICT技術的輔助，製造執行系統（MES）中的存貨數量與真實的存量可以確保一致。而且有了e-Kanban，當製程中的批量大小、製程時間、週期時間等改變時，e-Kanban的設定就變得輕而易舉（Dickmann, 2007）。還有如儀器供應商伍爾特集團（Würth Industrie Services GmbH & Co. KG）在2013年利用光學訂單系統iBin及攝影機監控存貨，當存貨水準低於再訂購點時即自動發出訂單給供應商。如此可減少緩衝存貨量，並更加精準地監控時程。

　　德國人工智慧研究中心（German Research Center for Artificial Intelligence, DFKI）的「創新工廠系統部門」（Innovative Factory Systems, IFS）提出了四項促成了智慧工廠的方向與作法。此四項與精實管理的精神原則密不可分。各位可以想像一下未來智慧產品（smart product）可以辨識他們所需生產流程並與智慧機器（smart machine）進行溝通，而

智慧規劃者（smart planner）可針對生產流程即時地進行最佳化。而智慧操作員工（smart operator）可藉由ICT的輔助與互聯網的平台來監控整個生產製造活動。

（1）智慧員工：

在傳統的精實管理中安燈系統（Andon System）透過立即暫停以解決問題，一般在每條生產線上設置一個到兩個安燈顯示板，如果生產線比較長，會設置更多，以利方便拉下適當類型的安燈。例如設備運轉發生故障、操作者因配備了智慧手錶，幾乎馬上可收到故障消息，知道故障發生的位置，辨識錯誤，絕無死角而看不到訊號燈。此外，CPS配備適當的傳感器可確認故障，並自動觸發其他故障修復操作的CPS。當新員工面臨新產品、新流程時，可以透過輔助的視覺資訊讓新操作員工，變得更聰明。

（2）智慧產品：

精實管理中的另一項重要觀念即是Kaizen方法，日本持續改善之父今井正明在《改善——日本企業成功的奧秘》一書中提出的，Kaizen意味著改進，涉及每一個人、每一環節的連續不斷的改進，不只對製程工藝，對人和產品都需要進行完善，此策略是是日本競爭成功的關鍵。

Kaizen是解決問題的過程，想要弄清一個問題的本質並徹底解決它，人們首先要收集和分析相關數據，才能真正瞭解這個問題。任何沒有客觀數據分析的基礎而憑感覺

或猜測去解決問題的嘗試都不是客觀的，對有關問題現有狀況數據的收集、檢查和分析是找出解決問題辦法和進一步完善的措施的基礎。

　　生產製造的過程中利用工業4.0的 ICT收集製造和產品的數據，尤其產品藉由收集資料便可以讓產品不斷精進且變得更聰明。而智慧化的產品便是吸引顧客，為顧客創造價值的利器。

（3）智慧機器：

　　有了新的科技，機器可以變得更聰明。新鄉重夫（Shigeo Shingo）提出Poka-yoke防呆概念，其精神是Mistake-proofing。而防呆的手法諸如：形狀相符、根除錯誤源、雙重保險、自動回饋、顏色標示、複誦核對、危險隔離、傷害緩和等方法來防止機器加工、流程、產品規格的錯誤。有了工業4.0的CPS所佈建的感知裝置如 QR codes 或RFID辨識系統，機器即可將精實管理的Poka-yoke防呆作法實踐得更加巧妙。有智慧的機器加裝防呆之感測器之後，不僅可消除錯誤的浪費，在保障與提升作業員的安全上，亦可以收到很好的效果。

（4）智慧規劃者：

　　精實生產的一項重要任務是達到可應付多樣化產品的單件流生產。在單件流的生產方式中針對顧客端的價值分析轉化成流程，並可將以往未發覺的潛在浪費因素暴露出

來。單件流的生產線加工一件，隨即檢查一件，再流送一件到下一製程生產。有了工業4.0的 CPS的系統，具分散式、動態、及時互動式的協商功能，使傳統的看板系統的使用，更具彈性。而規劃者可以提升產能利用率，縮短流程時間（throughput time），當然不只是大量式、批量式的生產方式非常適合，零工式的生產有了CPS系統及工業互聯網的協助亦可精實生產的規劃工作更具智慧。當然規劃者的精實訓練與素養便成為工業4.0能否成功的關鍵所在。

精實連結化與智慧化

　　工業4.0可以使客戶的需求，藉由大數據物聯網等更清楚地被呈現出來，其資訊可在整個複雜的供應鏈和網絡得到即時共享。更精準定義出顧客的價值，而智慧工廠可以減少浪費且生產彈性更佳，應變速度更快，進而減少整個供應鏈庫存。

　　本書合著者劉仁傑教授曾經強調「精實智慧製造就如同它的名稱，重點不在於技術上能做什麼，而在於實質上能夠多麼聰明的創造價值。」

　　運用精實管理的原則結合智慧設計與智慧管理的技術，使人、機、料、法、規劃管理者有精實的內涵，善用智慧化的應用技術與平台，可以讓作業員更有效率，更加安全。機器製程透過智慧化的監控，效率的評估，故障預

測，計畫性維修，真正實踐零故障停機的精實目標。再者，未來可預見曾一開始的顧客資訊分心，智慧化產品設計開發，乃至智慧化製造與服務，將藉由精實管理的原則創造更多令顧客驚豔的價值。

　　精實管理不會因為工業4.0的出現而褪色，恰恰相反，精實原則在新技術的加持下顯得更加重要。第四次產業革命能夠使企業更加落實真正的精實管理。以上簡單介紹精實管理遇見工業4.0後，可以使員工、產品、機器和規劃者變得更聰明。未來還可以引入更多的技術，使整個企業、供應鏈也變得更聰明。由此觀之，結合工業4.0技術的精實管理正是大家共同努力的目標。

15

韓國推動精實智慧工廠

　　德國於2010年起致力推廣工業4.0，透過物聯網、大數據等數位化科技，整合顧客與供應鏈夥伴，提倡大量個別客製生產的智慧工廠。工業4.0在德國政府國家政策帶動下，已經成為全球最受注目的製造議題。就如同美國2011年提倡的「先進製造夥伴計畫」（AMP），日本、中國、韓國、台灣等先進工業國家，紛紛按照他們的製造業型態，配合國家環境，致力於邁向工業4.0的產業創新。本節我們以韓國為背景，介紹韓國政府主張與製造業創新推廣的最前線。

韓國的「製造創新3.0」

　　韓國政府於2014年6月發表「邁向實現創造經濟的製造創新3.0策略」，由此提出三大策略及六大課題，促進官、民之間共同進行的製造業創新。

　　韓國政府在定義上不同於德國版的工業4.0。韓國政府認為，他們所主導的製造業創新，是繼18世紀英國主導的產業革命（製造革新1.0）、20世紀美國主導的IT革命與產業創新（製造創新2.0）之後，一項結合製造業自動化與ICT（資訊通信技術）的製造業創新，因此以「製造創新3.0」命

名，表明取得此項創新的主導地位。

其三大策略分別為：(1)融合型新製造業創造策略、(2)主力產業核心能力的強化策略、(3)製造創新基礎的高度化策略。其中融合型新製造業創造策略，透過IT與SW（Soft Wear）的相互結合，來推動傳統製造業及被差別化之先進製造業所期盼的「智慧工廠」之意義存在。

韓國「智慧工廠」的概念

智慧工廠被定義為，是透過ICT結合產品的企劃、設計、生產、通路等全盤過程，再以客製化的產品進行低成本、短製程時間生產的未來工廠。智慧工廠的核心技術建基於物聯網、網宇實體系統（CPS）、互聯網服務（Internet of Service, IoS），而透過這些技術，能夠將製造流程全盤數位化與資訊化，達到將分散的供應鏈整體屆時成為智慧工廠。韓國則是以(1)模型工廠、產業種類別智慧工廠的普及與擴散、(2)奠基於資訊通信技術（ICT）的工廠解決方案化的核心技術開發、(3)智慧工廠的標準、認證的三項指標執行推廣。

韓國於2014年以國內大型企業為中心挑選並輔導了277間模範智慧工廠。回顧韓國在2010年起，就在擁有大企業工廠的全國17個區域，設立「創造經濟創新中心」。這些中心連結了大企業及其協力廠，達到孕育新興產業與提高生

產力功能的同時，以大企業與中小企業為對象，積極支援推動模範智慧工廠。

2017年後，韓國的三星、LG、現代等的大企業運用至今為止的生產現場改善的經驗和高度的自動化率，並融合ICT技術，以構築資訊化、整合化、顧客資訊統整的全盤性資訊系統為目標，邁向智慧工廠的方向。

其中，在2015年於首爾舉行的智慧工廠國際會議中，「韓國LS產電」受到廣泛的注目。本文特別介紹這個成功案例。

精實智慧工廠案例：韓國LS產電

韓國的「LS產電」成立於1974年，主要生產工業電力（電力、自動化電力設備）及工業用電纜，2014年擁有員工3,500人，營業額高達2兆3千519億韓元。該企業於早期在各生產階段就具有優秀的自動化技術，但個別的自動化機器及工廠整體整合性的管理卻明顯較不成熟。而LS產電亦以此為出發點，配合2014年至今的自動化組裝技術，逐漸邁向具有ICT的智慧工廠。亦即，LS產電企圖將既有的自動化製造現場進化為具有ICT的智能化智慧工廠。其手法是通過IoT來建構出能夠連結生產現場和顧客需求的資訊互換系統（Internet of Service, IoS），藉此追求生產流程整體的最佳化。該企業量產線的適用範例整理如下頁表。

❸
精實智慧製造的內涵與共創系統

表：LS產電的智慧工廠		
	區分	智慧工廠現狀
實體系統	現場 生產線 營運	• 各組裝工廠間的運行情況、生產資訊、品質資訊的自動彙總。 • 零件供給、組裝、試驗、包裝等PLC基礎的組裝自動化（86%）。 • 由企業內部開發生產系統的設計、製造與營運。
網宇系統	智慧工廠 營運	• 由ERP系統形成的即時回饋運行狀況分析及控制。 • 顧客－營業－工廠之間的顧客資訊共享並反映於生產計畫。 • 線上發生異常時，透過E-Mail或智慧型手機即時回饋資訊。
	整體企業 資源管理	• 透過工廠營運資訊整合的核心KPI管理進行迅速的判斷。 • ERP、整合經營資訊系統（BI）、品質資訊系統（QIS）的開發及運用。
	產品開發	• 透過作業指導書自動將產品標準資訊（BOM、圖面）與現場技術資訊連結。
	供應鏈 管理	• 透過APS對需求預測、訂單、生產計畫、資材購買、生產、出貨進行整合管理。 • 透過合作企業的資訊網絡（VAN）進行開發與生產資訊共享。 • 為求實現多品項生產目的的開發資訊、生產資訊共享。

資料來源：韓國LS產電報告資料

LS產電報告指出，透過智慧工廠的推廣讓38機種的換模時間縮短為僅需一天，不僅讓生產力比早期提高了3.3倍，品質也達到100ppm且出貨時間大幅減短，作業環境及作業的便利性也相對提高。

官民落差大

　　至今為止的韓國智慧工廠，係以自動化等的實體創新為出發點，企圖由物聯網的整合達到工廠整體、供應鏈整體的最佳化，做為營運目標。韓國政策負責人提及，ICT是韓國的強項，預計透過ICT的運用促進大企業與中小企業的合作，2020年達成建設1萬間智慧工廠的目標。

　　2016年透過「智慧工廠推進本部」，對2,800家智慧工廠進行支援，並將「東洋活塞」的生產工廠認定為第一家「智慧工廠」。該工廠的自動化高達80%，並應用了IoT、CPS技術等，已成為韓國智慧工廠的典範企業，後續被期待是中小企業的標竿企業。工廠另外運用了「現代WIA聯盟」機械加工線和標準模組的結合呈現的「模擬智慧線」，此外估計在2018年啟用「智慧創新中心」（ParkHanKu等〈4次工業革命：新的製造業之時代〉〔韓文〕、2017年）。

　　另一方面，2016年「韓國中小企業協會」對於智慧工廠的意識調查結果顯示（〈中小企業四半期現場動向調查報告書〉〔韓文〕），回答理解智慧工廠等第4次工業革命的中小

企業僅有11%，實際對應的企業不到7%，顯示了對智慧工廠的理解和對應並無太大長進。不同於政府的政策推進，各製造企業缺少對投資成果的信心，並且尚未找到有關智慧工廠的具體策略。由此可見與政府的智慧工廠推進政策間存在著很大的落差。

第

4

輯

精實智慧製造
實踐最前線

精實智慧製造如何實踐？

在工業4.0的困惑前，本輯六章將帶領讀者釐清精實智慧製造現場、客製產品的協同製造、如何用BOM貫穿精實智慧製造變革等主題。事實上，精實智慧製造的意義極為深遠，它驅動了產品也使得工廠更具有動態應變的能力——這一切主張並非是資訊與數位工具的大幅崛起後才得以想像，在工業4.0口號之前，早有工業4.0內涵之志。

16

台灣精實智慧製造的實踐

2017年12月一個知名企業集團邀請本書合著者劉仁傑教授演講，在演講前特別聽取三家所屬企業的生產變革報告。其中，被認為集團中比較突出的A公司推動TPS已6年，宣稱最近3年聚焦於IT應用與智慧製造。然而，從消除浪費的精實變革觀點，儘管現場設有一些IT顯示板，現場流程改善卻裹足不前。

劉教授在回應時首先提出：「使用很多IT工具這件事不能說好或不好，端看是否達成目的？」接著他引用現場實際看到的流程浪費，總結出他的評論：「追逐流行，錯把手段當目的、未致力於解決問題。」

價值創造才是王道

在政府政策強烈推動下，部份企業IT主管說：「IT與智慧製造是趨勢，今天不做明天會後悔」。我們要強調的是，改善或創新活動通常是因為例行的工作無法達到價值創造目標，因此必須是一種價值創造活動。

譬如，部份企業活用政府資源設立智慧加工線，很多法人與學校紛紛前往參觀，受到一定的啟發。但是，在對話過程，部門主管卻說出不符合投資效益的實際情況。換

句話說，技術上做得到是一回事，能否為現場解決問題、創造價值，又是另外一回事。

我們主張以價值創造作為判斷基準，換句話說，將精實精神融入智慧製造，確保智慧製造的價值水準。被視為IoT應用代表的智慧製造，包括網宇系統與實體系統。美國谷歌與亞馬遜、中國大陸阿里巴巴與騰訊，透過活用IoT在空中（雲端）解析所取得的數據、創造非常廣泛的價值，成功轉型為平台領導廠商。這些亮麗的成績與過程，對製造企業的價值創造，少有啟發或關聯。精實智慧製造追求能夠消除浪費與創造價值的實體系統，是在地面（現場流程）的資料取得、傳送與分析，持續改善實體系統、提升顧客價值。我們特別關注精實智慧製造在實踐上具備的階段特質。

2011年德國國家科學院（ACATECH）啟用「工業4.0」名稱，在漢諾威工業展一舉成名。這個由德國政府提倡的工業4.0構想，本質上是一種製造業的數位化，試圖透過共同的標準化，連結企業、工廠、設備，形成以國家整體為單位的大規模智慧工廠。這個構想從國家的高度，鼓勵主力企業如SAP擔任雲端軟體發展、西門子擔任介面角色，以期達成有效連結企業群的目標。

然而，2017年底出爐的日本學術振興會科研計畫報告（信州大學光山博敏準教授主持）卻指出：6年來德國工業4.0構想不僅沒有進度，甚至已經開始在空中解體。該報告

詳細分析了這個構想沒有進展的根本原因，主要包括：共同標準化推動困難、具備競爭優勢的中小企業群不買帳、工業4.0與德國工匠（Meister）傳統格格不入……等。這個研究成果似乎證明，工業4.0不是符合德國企業的一種價值創造活動。

工業4.0的泡沫化與台灣優勢

回顧1999至2000年的「網路泡沫化」，當時許多一窩蜂的投資血本無歸。但是，15年之後全球前十大市值公司卻全部被以網路做為平台的公司所獨佔，甚至還方興未艾，結合IoT帶動自動駕駛與系統型小家電產業的興盛。IoT與AI帶動物物相聯的質變，終將改變人類的生活型態。

從價值創造觀點，台灣製造追隨流行興起的工業4.0或IoT與AI風潮，終將泡沫化。但是，朝向這個方向發展的趨勢與本質，卻絲毫不受影響。IoT與AI代表IT技術應用已經從1980年代中葉以MRP為象徵的演算能力、經過2000年前後以ERP為代表的跨越企業藩籬，進入無遠弗屆的物聯網時代。IT的計算速度、記憶體容量、網路資訊傳送速度與AI的發展，在本質上已超越過去人類的想像範圍。問題在於如何結合台灣製造優勢？如何創造全新價值？不能追逐流行、將手段當目的。

基於此，我們認為站在結合台灣產業或個別企業競爭

優勢的角度，只要關注兩個重要課題，在本質上精實智慧製造仍然具備長期發展潛力。

第一，IoT有能力即時掌握企業內外的變化，有效區別個別企業的核心能力與公共財的經營資源，個別企業才能迴避網路風險、享受開放創新環境。

第二，解決問題的流程必須擁有顧客價值觀點，精實智慧製造就是在既有現場改善與製造服務化流程的基礎上結合智慧製造能力。

從這個角度，我們特別就團隊最近觀察，列舉具備精實智慧製造潛力的三個發展類型與案例。

第一類是產品技術應用。

從遠端服務為使用客戶創造價值，包括結合自主研發軟體與機床內感測系統。工業潤滑系統領導廠商彰化振榮油機，在潤滑系統加裝即時檢知功能避免故障損失。美商日紳提供工具機廠客戶，主軸上安裝振動、位移、溫度三種感測器的選項，幫助使用客戶收集數據，目前以溫度感測器的選項最多。

產品技術應用型企業的案例證明，加裝感測器或開發軟體都不困難，成本也不高，問題在於大都無法轉成有魅力的售價。台灣製造產業群聚分工的最大優勢，在於支持硬體製造的競爭力。基於工具機整機廠對最終使用顧客的

資料收集與轉換目的或需求，所知非常有限，不論整機廠或是為整機提供配套的協力廠，思考如何運用IoT技術創造價值，都言之過早。

先精實再智慧仍是主流

第二類是致力於標準化與流程改善，作好活用IoT的現場條件，也就是先精實再智慧的類型。

在中台灣精實變革的學習熱潮之下，許多企業都開始意識到浪費充斥的流程，導入IoT的價值偏低。

最近幾年才搬遷到中科的矽品精密，認為在推動自動化或熄燈生產之前，應該先改善實體流程，目前正與東海大學精實系統實驗室合作，用TPS修課學生的客觀角度檢視浪費情形。工具機整機廠徠通科技、健溢機械與精呈科技、模組廠寶嘉誠、鈑金廠盛鑑、鑄造廠總鑑，甚至半導體設備廠商台灣艾司摩爾，都表達了類似的意見。他們的共同認知是，精實與智慧可以相輔相成，但是在實體流程「沒有精實、只有智慧」，本身就是一種浪費。這些廠商的加入，讓東海大學2018年的TPS課程合作企業家數，創下歷史新高。

第三類是活用IoT進行可視化與最佳化。

生產螺帽的「盈錫」，可能是工具機相關企業中應用IoT最豐富的企業。盈錫具備第一類提供產品技術應用能力，亦即成功研發了智慧螺帽，但因為曲高和寡而中止，目前只能耐心等待整機廠發展新價值的需求。在生產流程的機聯網方面，則交出了亮麗的成績單。

盈錫採用PMC的SkyMars，連結廠內包括FANUC、MITSUBISHI、HEIDENHAIN、SIEMENS、DMGMORI以及PC base等品牌控制器的150台工具機，掌握加工設備的實際加工時間、使用狀態，收集到資料庫，再產出設備的稼動率。透過自動化省人和機聯網稼動率提升，盈錫達成了工業4.0的第一階段目標。盈錫正計畫朝向透過即時監控與資料處理，解決機械加工廠最困難的自動排程精進、加工進度暨異常可視化、標準工時自動修正等第二階段邁進。

具備精實系統，是活用IoT進行可視化與最佳化的條件。自行車變速器大廠台灣速聯、印刷企業龍頭健豪，則是從知名精實企業邁向精實智慧企業的代表。

可持續發展的不變本質

2018年1月底，我們訪問了日本NEC、池貝、小松、牧野（MAKINO）與發那科等5家知名企業。MAKINO等前四家企業的多樣少量、客製等產品特質，與發那科鎖定了

機器人與NC控制器等可量產的製造設備核心或延伸單體，儘管型態迥異，高顧客價值帶動高獲利，卻有異曲同工之妙。

在製造現場的IoT應用，日本與台灣的製造企業十分接近，也就是都在摸索與思考如何創造價值的初始階段。好的流程必須擁有顧客價值觀點，IoT與精實系統都是達成顧客價值的手段。可靠度來自具備尋找問題與解決問題能力的職工，精實系統結合智慧製造提供顧客價值，有機會形成與職工共創的可持續發展環境。台日一流企業的製造現場，讓我們看到可持續發展的三個不變本質：

第一、數據支持改善。數位化與連結化不僅讓數據更豐富，工匠技能也能轉成排除異常的數據，可視化讓改善的基礎與效能大幅提升。

第二、落實顧客價值典範。讓職工從為後製程製造，進一步思考對最終顧客做出貢獻。

第三、樂在工作。好產品讓顧客感動、有價值的改善讓參與者感到充實，職工以本身工作為榮。

17

客製產品的協同製造

　　工具機產品為滿足顧客差異需求，通常會用既有的產品架構，以局部修改或追加的方式，衍生新功能、新規格的多樣產品。同一款式很多樣式的產品策略，來回應顧客的需要。

　　然而，我們經常看到，因跨部門的運作失靈。業務和製造對於產品細部規格的認知有落差，以及物料不易如期供應到裝配線，衍生重工、停工、交期失信，造成客製產品獲利和顧客滿意度不如預期的結果。

　　「營業人員帶回顧客需求，內部跨部門聯手解決問題，是達成客製需求的關鍵。」這也是本書第2章〈翻轉工具機，洞察生產財的顧客價值創造〉一文中，給客製產品設備製造商，開出創造雙贏的處方。

互助機制

　　客製化需要設變時間、批量少零組件供應實際入庫日不確定、摸索客製零組件的裝配檢驗技巧、顧客不願意延後交機驗收，是生產製造客製產品的挑戰。

　　客製產品設備商通常採取，客製規格定案接單後啟動設變，並逐次發行與購料。有物料入庫沒有配套，就開始

組裝的打帶跑戰術。試圖壓縮交期，來實現對顧客的承諾。檢討實行打跑的成效，事與願違是常態，壓力並沒有減輕。因為，設計和採購會錯誤解讀客製產品規格、功能，造成重工、重購等問題。且設計變更不一定依裝配節拍、物料製程長短，產出BOM和圖面，造成開工就缺料，完工日很難預測，產品功能和品質常有瑕疵。

與潛在顧客洽談通常需要數次才能達成共識，將產品功能、規格依需要製造出來，是交易結案的關鍵。過程中，業務、技術單位會一起或分別與顧客深入互動，每次的討論將與產品相關的決議內容，用增加、修改、刪除的方式維護「客製產品功能規格表（產品表）」。以具履歷內涵的表格，來取代文字紀錄客製產品規格、功能的結論。

產品表可以將規格、功能的內涵定義清楚。洽談團隊使用共通的語言，並用產品表記錄每次洽談共識，帶回來的顧客需求才不會失真，並可以避免跨部門對功能規格解讀的誤差。

接單後再用此表的最終版，展開客製化產出的優先項目與時程、BOM共用與物料發行時程、依裝配節奏時程，安排購料備料的發料日、長製程物料的里程碑、各項負責人、跨部門會議主題與時程等事項，成為「專案製造時程表（時程表）」，讓部門間的互助合作，效率與效果更好。

源自產品表的時程表，是以工作任務為縱軸，工作程

序為橫軸，將設變、物料等任務以時間序展開。譬如，訂單確定後，不需設變的零組件製造資訊可以先發行，需要設變客製的零組件，則依據製程長短逐次產出並發行，在裝配節奏需要前，完成購料、入庫與發料，讓裝配線開工不缺料為目的。

客製產品製造共享平台

以「客製產品功能規格表」，統一業務、研發、製造對產品規格、功能的定義。「專案製造時程表」，是將何事、何物、何時、何人、如何等整體專案進度資訊呈現出來，提高工作與任務的可視化，使設變產出與備料時程、裝配節奏的步伐一致。

團隊間彼此知道交棒與接棒的時間，前後工序進度互相關懷，是客製產品製造團隊的運作平台。平台運作的機制、程序和規範，要人來利其器，事才能竟其功。

此平台使跨部門的工作順序、銜接、溝通更有效率，提高團隊共識與互助的效果。建立後，使用它、維護它、更新它，才能發揮與精進。不使用、不重視，束之高閣，再好的機制也無法讓團隊一致，朝向解決問題的方向邁進。

企業都有制定管理程序與規範，甚至通過ISO管理系統認證，以及導入資訊工具讓管理更有效率。

但是，為何我們經常看到，需要時才發現沒有資料、

物料的問題。採購要購料時才發現沒有圖，生管要展開物料需求時才發現BOM沒有或不全，裝配線開工時才知道缺料或料不良等問題。

即時、外顯、可視是有效溝通的關鍵

從首次與顧客接觸，到出貨驗收的過程，跨部門團隊的成員，要將聽到的、想到的，以看得到、易懂的方式呈現。

與顧客接觸時要將需求，即時明確與具體的紀錄。顧客的需求有兩個層次，顧客講出來、知道的是顯性需求，在顧客現場觀察、挖掘沒有講、不知道的是隱性需求。掌握顧客真正需求，團隊合作才能對症下藥，提出有效的解決方案。

產品與服務的銷售人員，搭配售前服務的技術團隊，在顧客現場了解、挖掘需求與痛處，將顧客講出來的、現場觀察到的，即時轉換為需求表，進而為顧客提出解決方案，就是我們主張，精實客製管理的「顧客現場需求表」。

「顧客現場需求表」提出的問題與對策，經過顧客認可後，產品與服務的研發製造團隊，據此落實內部溝通運作機制，可以避免上述做錯、做慢、沒做的問題。

人是關鍵

互助機制和共享平台需要人來執行和落實，才能發揮應有功效。

為何部門間沒有做好溝通、互助，讓交期、品質穩定的效果？關鍵在於，執行者要有動手做的觀念和態度。

首先，為取得企業外部機構認證、展示而做。制定規範制度時，不是為幫助企業內的團隊，能把事情做對、做好為首要目的。與實際運作脫節的管理程序，當然不好用、不能用，無法達到加分效果。

其次，執行不確實的問題。能凝聚團隊共識、分向一致的機制，執行者不願意配合、改變，無法貫策或落實程序，團結力不足。

團隊成員願意做、認真做；部門間通力合作、互通有無，一定能發揮團隊戰力，消除等待和浪費，讓產品品質和交期可靠。顧客創造價值，同時提升自己的獲利，雙贏的成果指日可待。

❹ 精實智慧製造實踐最前線

BOM貫穿精實智慧製造變革

　　BOM（Bill of Materials）涵蓋了產品的功能規格，是業務接單的重要資訊，也是採購物料、裝配產品的資料源頭。生管部門接受到訂單資訊轉成製令，用BOM展開物料需求，採購部門根據需求資訊負責將物料配套達交；發料部門根據事先規劃的裝配節拍完成配套發料。

　　「外觀看起來一樣，但實際上功能是大同小異」的產品，在生產製造時卻需要用不同的BOM，才能正確的規劃與執行，生產製造的裝配、發料、備料……等作業。在接單報價以及成本分析時，也需要產品完整正確的BOM，經營結果才不失真。BOM是管理物料、成本、製造SOP，以及售後服務的準則，它是做好產品銷售、製造與服務的原點。

同款多樣多代的BOM

　　工具機是為使用者創造財富的設備，而成本和差異是讓企業可以永續經營的關鍵。為滿足不同產業使用上的需求，會將同款式的產品做小幅修改，來滿足特定客戶或產業的需要，同款式衍生出不同樣式的產品，在工具機業是非常普遍的現象。產品量產期間基於品質、功能、規格的

改良、追加與提升，以維持競爭力，就會衍生不同世代的產品。產品停產以後，使用者仍會繼續使用，設備商必須提供機器維修需要的零組件。故產品生命週期較長的工具機產品，需要同款多樣多代的BOM來管理。

尺寸規格相同的產品，因應行業別需求上的差異，產品製造商會以同規格但功能有差異的產品來滿足市場。譬如，零件加工業，訴求換刀和加工速度；模具加工業，強調曲面加工功能；生產線則要求追加自動上下料、省人化，以及製程連貫的能力。同規格但功能大同小異的差異產品會越來越多，就需要同款多樣的產品管理，業務人員才能夠精確的比較分析產品間的差異，讓各類顧客都得到滿意的銷售服務。

產品不斷的改良精進，是企業持續和擴大市場占有率的手段。產品在生產製造期間，經常面臨性能和品質提升的設計變更，這種不改變規格與功能的產品進化結果，衍生出同規格與功能，但不同代的產品。在生產線安排時，考量先進先出的存貨管理，以及達成訂單要求的交期與功能，生產製造部門需要有效處理「同款不同樣、同樣不同代」的用料差別問題，才能保證裝配不缺料、產出穩定。

每項產品的交易，需要BOM才能計算出成本。交易時我們要以客戶需要的規格和功能，選擇合適的BOM來決定售價。製造後需要評估不同時間的製造成本，以及產品改

良前後的成本分析資訊。成本部門透過利潤分析來呈現產品的貢獻度，進而訂出有助於永續經營的策略。

　　業務單位推薦產品時，需要同款多樣的產品異同分析。製造與成本部門則需要同樣多代的完整資訊，才能精準的生產出大同小異的產品，以及掌握精確的成本。故完整的產品生命週期管理需要保留與區分，同款不同樣、同款不同代、同樣不同代的BOM，才能及時獲得差異化與成本化的優勢商品資訊。

BOM建構與維護的關鍵和困難

　　BOM的建構可區分為產品的「用料明細資訊」和「生產製造資訊」兩大步驟。用料明細資訊也稱eBOM，是要清楚且明確的交代，整機是由哪些零組件及需要的量來組成。eBOM內容資料必須唯一，尤其是共用模組件，當維護資料時可以減少工作量、提高時效和正確性。

　　產品生產製造資訊可稱mBOM，主要是加工製程資料、組裝順序、作業時間、供應商、節拍發料等資訊。譬如，零件的製程資料應包括，從胚料到依圖加工完成入庫，或訂購到交貨入庫的相關資料；整機或模組件的製程資料，是從第一個零件裝配成模組件或整機，到入庫、出貨的範圍。

　　由後往前拉，<u>裝配</u>、<u>發料</u>、<u>備料</u>、<u>設計</u>是產品生產製

造的主要作業。裝配作業是根據產品零組件組成的內容，制定裝配節拍和裝配工作內容的SOP。裝配程序和進度，是設定即時有效配套發料作業的依據。備料作業則需要決定每個零件、組件的供應商、價格、交期，以及採購、轉加工或訂製等供貨性質。新產品完成設計，以及量產的設計變更，必須明確的定義，組件需要的零件與數量，裝配成產品的零件、組件及數量。

備料則是根據零組件的供貨性質建立資料，而備料和設計是為了要服務裝配作業，以裝配觀點建立的BOM，讓cBOM和mBOM的樹狀結構一致，可以提高資料易讀、易懂的可視化。以及讓設計變更衍生製造資料維護的工作，能夠更單純與便利。BOM建立的五個原則和資料維護與使用的三個規則，詳細內容，歡迎參閱本書兩位合著者劉仁傑與巫茂熾共著的《工具機產業的精實變革》（中衛，2012年，p197）。

MRP＋CRP 保證交期與獲利

同款衍生多樣的BOM，是由基本或標準的共用模組，和顧客特殊需要的差異模組組成。根據我們長期觀察、統計，設備製造商的客製化產品的案例，發現一整台的設備，其中約70%是曾經生產過的共用模組，剩下的30％，才是為顧客量身定制的差異模組。

客製產品,共用模組先備料、差異模組則設計變更後再備料,採用兩階段的生產備料作業,可以有效的壓縮交期。訂單確認後的物料需求,共用模組透過MRP(Material Requirement Planning),得到生產製造需要的物料資訊,這是第一階段的備料。差異模組則運用CRP(Customization Requirement Planning)模式,展開客製物料需求,根據客製產品設計進度,產出差異模組的備料資訊。

客製產品的備料計畫用MRP + CRP的方式,在裝配上線計畫的先期作業時,能充分掌握物料配套資訊,落實備料計畫就能保證上線開工。有節奏的裝配基礎,開工就能保證完工。

回歸原點,做好BOM管理

2006年9月起,台灣工具機業積極導入TPS,執行成效就像春筍般不斷冒出來,從一知半解到遍地開花,效益有目共睹。根據我們實際觀察與了解,實踐精實變革的各企業,從建立示範線的應用型,進階到調適型、學習型變革的過程中,遭遇許多的困難和障礙,BOM的正確與時效是關鍵要素之一。

裝配現場缺料或備錯料,生產不順的聲音不絕於耳。屬於資料源頭的BOM漏建、eBOM轉成mBOM的錯誤與瑕疵、設計變更後資料維護的時效與品質不佳等,衍生管理

浪費的問題需要解決。滿足主線、副線的裝配節拍化思維，並納入產品規格、功能，以及設計變更的生失效資訊，以多階樹狀結構，建構同款多樣多代的BOM。整體而言，BOM的建立要掌握原點開始、一次建好、一次建對，資料維護最簡單，讓業務、採購、裝配及成本等單位，可以即時分享活用，才能協助精實管理的落實與推動。

從產品的演化過程
來談智慧製造的成功要素

　　產品創新設計決定企業是否能為顧客創造新的價值，進而直接影響企業的競爭優勢。

　　2007年Apple公司推出創新的iPhone智慧型手機即是最佳寫照，它不只是一支行動電話，還擁有拍照、攝影、個人數位助理、播放音樂、收發郵件、語音留言、瀏覽網頁，還有外加APP等功能。iPhone智慧型手機跳脫以往的手機功能框架，給使用者更多的想像與應用空間，這就是為顧客創造新的價值。我們可借鏡智慧手機的發展歷程來審視當產品朝向智慧化的演變時，製造系統是否也智慧地擴充其能力？製造系統與產品在智慧化的演變過程是否具有其特殊的成功要素？因此，本文將從產品的智慧化演變過程來談智慧製造的成功要素。

從單機演化到智慧化製造體系

　　以智慧工具機的智慧化演化過程來看，在1952年，Parsons公司與麻省理工學院合作，結合數值控制系統與辛辛那提公司的銑床，研發出第一台NC工作母機，將傳統機械，提升為數值控制。隨後微處理器被應用到數值控制

上，大幅提升其功能，諸如，防振控制、可高速、高精度加工，延長刀具壽命、熱變位控制、主軸監控、保養監控、棒材供給控制等等。當時工具機產品演化的重點在發展工具機本身的機械與控制性能，較少連結外部軟體技術來提升機台性能與產能。

工具機單機功能的提升在1990到2000年間，由於五軸工具機、車銑複合加工機開始普及化，其功能變得比以往更複雜。使用者已經很難完全發揮機台的效能。此時，工具機產業開始重視軟體在工具機中的重要性。國際大廠例如MAZAK、OKUMA、DMG等開始提出所謂的智慧工具機的概念，並且開始發展特有的軟體功能以協助使用者發揮工具機性能。然而，此時的智慧工具機仍較偏重於單機功能，如操作安全防護、加工效能提升、診斷監控等功能。直到2011年，隨著德國所提出的工業4.0風潮而起，國內外工具機大廠便開始大量投入發展軟體技術，並朝智慧工具機的產品開發方向邁進。

當工具機產品專注發展單機的功能提升時，僅使產品在監測控制上顯得更加聰明，但還稱不上有智慧。隨著物聯網、雲端技術與大數據等數位化科技的成熟，工具機彼此之間可以透過網路連結溝通，如此便可以達成本書序文中所提及的「精實智慧製造的架構與解決方案平台」圖中所指出的「網宇系統與實體系統之協作關係」。因而智慧工具

機便在所形成的生產體系中，持續向外部系統擴充，更可結合如行銷、供應鏈、維修等外部系統，以發展形成打破疆界的系統體系（system of systems）。

智慧製造的要素

在智慧製造方面大致有三種發展模式，一種是以強大的製造業為後盾，並善用IT，此以德國為代表；另一種是以資訊產業為主軸，來改善製造業，美國傾向利用此模式；中國選擇第三種模式，亦即資訊產業和製造業相互促進拉抬。不論是甚麼發展模式，在智慧製造系統中，一定需包括：創新型科技、智動化生產製造、智慧化精實管理、和創造價值的設計這四大要素。

要素一 創新型科技

首先來看驅動工業4.0的創新型科技，其中包括物聯網、大數據、虛實整合系統。（1）物聯網，是建立各式物件的網路，共享物件彼此的資訊。透過物件間的資訊分享，並且將資訊連接到後端分析的數據中心，可以進行物件的管理與控制，達到智慧環境的目標。簡言之，在智慧製造中有了IoT技術，可隨時掌握人、機、料、環境的狀況。（2）大數據，則需要資料探勘的技術，可根據資料的產生速度、來源異質性與數量，會有不同的處理方法。由於工

具機工作環境與製程要求的複雜程度，擷取的資料產生速度與數量可能達巨量等級。例如：切削、振動、溫度等數據的收集分析。資料與處理後的資訊將會產生過去難以想像的價值，使用者可以直接進行參數調整的維護手段，透過巨量資訊分析提供更完善的售後服務。（3）<u>虛實整合系統CPS則是針對製造系統的不同面向建立各種虛實模型，並建立網宇與實體系統之互動介面。</u>

美國GE在2012年啟動工業型網際網路之後，一方面從技術應用面切入，GE不斷將自己的航空、鐵路、醫療儀器與工業型網際網路結合。另外推出Industry Internet Operating System平台（Predix），提供企業用戶在Azure雲端服務中使用GE的工業PaaS（Platform as a Service）平台Predix。它提供企業用戶打造工業網路應用程式，連結工業資產、蒐集和分析工業資料，同時也能提供即時資訊以優化工業基礎建設。GE以工業網際網路為技術核心、不斷進行軟硬體整合，加速製造業的服務化及智能化；這項重大新策略使GE從一個傳統設備製造公司，轉型進入以物聯網為新發展方向的公司。

要素二 智動化生產製造

一般製造業強化生產競爭力的過程可分為三個階段：第一階段是製造部門本身透過自動化，提高生產效率、降

低成本，並增進生產過程的安全性與降低對環境的影響。例如機械手臂、機器視覺、運動控制的應用。第二階段，是藉由生產流程最佳化，建立製造智慧，透過電腦模擬與製程模型，創造可靠的製造能力，以滿足客製化、多變化、快速化等需求。但以往自動化大致分美日歐三個系統。美系廠商包括Rockwell、GE、Honeywell等；日系廠商如三菱、歐姆龍（Omron）；歐系以西門子、施耐德電機、ABB等為代表。過去各自的系統相容性不高，以致無法協作。第三階段，生產設備相容、互通已成為基本需求，透過智慧製造所建立獨特競爭優勢，在製程與產品上增加顧客價值創新能力。例如，西門子在德國安貝格（Amberg）工廠，日本電裝（Denso）「高效工廠」都是高度自動化和標準化的智慧工廠。

要素三 智慧化精實管理

　　本書序文提及的「精實智慧製造應用架構」裡，其中實體系統非常需要取得現場的管理資訊。最直接的就是掌握生產現場中的人、物、機器設備、工作環境的最新狀況。不僅是做個別單元的最佳化，更需使之達到最佳組合狀態。以物在場所的科學定位為前提，以完整的資訊系統為媒介，以實現人、物、機器設備的有效結合，透過對生產現場的整理、整頓，把生產中不需要的物品清除掉，把需

要的物品放在規定位置上，使其隨手可得，促進科學化生產現場管理，達到高效生產、優質生產與安全生產。而其後端的網宇系統則必須負責資料分析，將資訊可視化，進而提出最適的解決方案與防止問題的再發生。並回饋到實體系統以進行持續改善（continuous improvement）。

透過可視化管理的概念，讓管理者有效掌握企業資訊，實現管理上的透明化與可視化，如此管理效果亦可以滲透到企業人力資源、供應鏈、客戶管理等各個環節。在可視化的解決方案中，台灣廠商「研華」所提出生產資料擷取、生產異常維護、設備全域管理、生產過程追溯、產線倉儲物流、廠務設施監控、生產能耗分析等系統，其內容就涵蓋了MES、AGV、OEE、WMS、AODON、Recipe Management、看板管理、生產設備管理、網路設備管理、ATE檢測、環境監控、設備遠端雲服務等十二個基於CPS的生產程序控制與資訊系統，這些均是將資訊可視化的良好實踐案例。

要素四 創造價值的設計

為顧客創造新價值，在民生應用的設計案例非常多，例如iRobot 公司的Roomba「掃地機器人」即使用感測器與軟體掃描打掃空間，分析各不相同的房間地板並規劃清潔方式。較複雜智慧化的產品可了解周遭環境、自行診斷自

己的服務需求，並可配合使用者的偏好來調整。自主性不但可減少需要人來操作的情況，也可改善在危險環境中的安全性，並可從遠距執行操作。除此之外，還可運用外部連結協作，為顧客創造價值。而在工業創新設計的應用方面，例如GE在2013年專心投入智慧製造；近年在矽谷設立軟體分析中心，透過飛機引擎、醫療器材、發電設備的感測器，分析作業情形、溫度與能源消耗。

由此可知，未來將智慧製造系統內在及外部顧客回饋的資訊，透過大數據分析，強化設計更貼近顧客需求，並容許在開發晚期與產品出售之後，進行更多設計上的修改，且更有效率。企業也可以讓硬體開發與軟體開發的執行速率更加同步化。

綜觀上述，由產品與生產製造系統的智慧化發展軌跡來看，智慧型的製造工廠必然邁向自動監控、自主式的機器學習以達優化解決。而在四大要素和其推動智慧製造的實際案例中發掘，科技其實不是真正的重點，焦點乃在因生產智慧產品所引發的競爭轉型。而生產智慧產品的製造系統是否能夠智慧化成功，則需將上述的四大要素做最有利的整合。未來台灣乃至其他國家的製造業想要在世界競技台上佔有一席之地，則必須向智慧製造方向邁進，快速回應客戶需求，為顧客創造新的價值，以取得致勝的競爭優勢。

從精實設計到智慧製造的應用與啟發

在智慧製造中，精實設計為實體系統的主要構成要素，運用ICT將顧客資訊收集與分析，並將此資訊準確的反映在產品設計，對個別需要之顧客價值創造做出貢獻。

相對於精實生產在台灣工具機的實踐成果卓著，精實開發設計似乎還未被廣泛知悉。

從精實生產邁向精實設計

精實生產，是一種透過改善生產流程中大小問題，使降低成本、品質提升、交期能力達到飛躍性成長的生產模式，特別在工廠的生產現場中廣泛被使用。以往這樣的生產理念下，改善與消除浪費主要被視為生產現場的工作，但最近範圍逐漸擴大，發展出「精實產品開發／精實設計」（Design for lean manufacturing）方法，一種於產品設計階段，以及生產率、品質、產品競爭力考量中投入精實理念的方法。

精實產品開發／精實設計是指在開發流程初始階段的工程、零件開發，以及設計階段，就投入精實理念，提前達到排除浪費、影響最終產品的成形，並以提高企業產品競爭力為目標的方法。透過這樣的方法，企圖從設計階段

就達到降低交期、改善設計品質，達到顧客價值最大化。

在韓國，精實產品開發/精實設計理念以「設計經營」為題，於1990年代透過大型企業為中心被實施。以下將以汽車與工具機相關企業為例進行介紹。

設計經營優化汽車與工具機競爭力

設計經營（Design management）是一種在產品的設計、開發時期，就以市場以及顧客為中心的角度出發，企圖使產品開發達到最優化的手法。為了透過設計的概念強化與顧客之間的接觸面，達到顧客購買意願、便利性、安全性以及企業信賴、忠誠度提高之目的，於設計階段即著手排除浪費、優化產品競爭力，以交期、生產效率、品質、產品競爭力的提升所帶來的品牌價值與特色為目標。核心概念如右圖所示。

在韓國的「現代汽車」，由於設計經營理念的導入，從以往都是由企業高層決定新產品的最終設計，逐漸改為以設計者為中心，產品設計也因而更具有創新性。產品從設計階段就與研究中心、生產技術部門、銷售部門聯手，齊心建立企業的品牌獨特性，展現出現代汽車「流線型製品」（Fluid Sculpture）的獨特性。

以專門生產汽車零件與工具機製造商活躍的韓國「現代Whia」，也在產品開發中投入設計經營理念。2009年起它

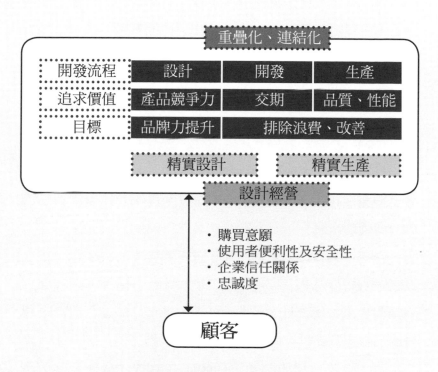

圖 精實設計與品牌經營思維

資料來源：筆者設計

透過與大學共同開發，將大型工具機的設計大幅改善，獲得顧客企業相當高的評價。例如以汽車、船舶與發電設備的零件加工專用，且長時間運行、暴露在較容易受汙染環境下的「HS5000系列」，在設計階段時採用two-tone變調方式，為提高造型性完美程度下了一番功夫。並以符合人體工

學的設計概念，使作業員操作更安全、更簡易，也採用環保材質，重視對產品性能、成本、便利性的考量。透過這種配合顧客規格、要求的設計大受好評，讓韓國工具機產業獲得「設計振興學院」及「優良設計」（Good Design）獎的肯定。

訪談台灣國瑞汽車

無獨有偶，相同的精實設計思維，也發生在本書合著者吳銀澤教授於2015至2017年間數度實際前往參觀與訪談的台灣國瑞汽車。

台灣TOYOTA（國瑞汽車）研究開發中心長表示，很久以來，TOYOTA汽車的生產技術部門權力極大，設計部門必須對生產技術部門察言觀色（設計審查）的進行設計，導致產品缺乏創新性。（2015年11月筆者訪談）

為了克服這樣的問題，1990年在TOYOTA新產品開發過程的主查制度下，開始了一項所有TOYOTA企業內相關聯部門皆須參加的大會議室內業務作業，目的是杜絕部門之間（銷售、設計、生產技術、採購）的隔閡。在強而有力的主查權限下，開始轉為以顧客導向為中心。從那時期開始，在實際生產作業前的階段，也就是設計、開發階段，就會先進行問題解決的程序。

但2000年以後，TOYOTA受到韓國現代汽車創新的流暢車門設計、設計部門逐漸被賦予權力等的刺激，生產技術

部門在產品設計階段漸漸變得會採納設計部門的意見。他特別指出，在「豪華車款LEXUS」的設計階段，設計部門與生產技術部門比起以往更傾向於採取共同解決問題的方式。

之後，國瑞汽車為了在國際上更有競爭力，開始運用IoT進行業務改革。目的是活用IoT即時的反應客戶需求，時限內進行更有效率的生產和交車。其改革內容包括四點：1）物流系統的內化整合、2）工廠暨倉庫內的自動搬運化、3）預防保養等的生產力改革、4）積極優化品檢工作（2017年11月筆者訪談）。

事實非常明顯，從開發設計的初始階段共同致力於問題解決的精實設計概念，已經逐漸滲透到全球的一流企業，其發展是今後值得注目的焦點。

精實設計支配智慧製造

當然並非只有韓國企業，就連傳統生產技術部門權限極強的TOYOTA汽車，也已重視精實設計，特別是外部設計。精實設計有著從產品的企劃、設計、開發、試作、試驗，到完成產品的「設計訊息」一連串過程的意義，而精實開發確保「設計訊息」的品質。實際上新產品的成本的95%可以說是來自於開發階段時的計畫所花費的成本。

以設計經營為本的精實開發，即使在企業與顧客相互作用下的顧客滿足，以及為了實現顧客價值的智慧生產的

層面，他的意義始終沒有改變。換句話說，開發時間的短縮和重視顧客需求品質的精實設計，都是藉由IoT和顧客有關資料的數位化、整合化來連結生產製造，並支配現場的智慧工廠。

精實智慧製造的
Lean 6 Sigma 實務應用

　　本章將介紹韓國版生產變革 Lean 6 sigma 的實際應用例子。它整合了看似不同的精實生產與六個標準差（6 Sigma），形成韓國版的精實智慧製造的 Lean 6 sigma（以下稱為 LSS）變革。這種方式在工廠的實體系統改善，亦即浪費排除、確保品質中，導入精實生產的思考方式，更進一步在關乎顧客資訊的全體顧客服務和品質創新的提升上，利用並分析企業資訊系統所取得的大數據。如此便能達成各種小改善和大創新，也試圖在品質與顧客服務面上盡力滿足顧客所需。

　　本文介紹的「整合豐田生產系統（TPS）與六標準差」的案例，是以實際採用 LSS 獲得巨大成果之韓國一家 Y 公司 D 工廠為對象。相關數據引自韓國「雇用勞働部」2010 年出版的《工廠創新深層事例研究集》。

Y公司的個案研究

　　Y 公司成立於 1970 年代，是與美國企業合資成立，主要製造幼兒、女性、家庭、老人用的衛生用品。在韓國國內有三個工廠，總生產量的 73％內銷、27％出口海外。這

次要介紹的Y公司D工廠於1994年啟動，於1993年就已成立生產變革委員會，之後因在生產變革上有明顯的成效，而以韓國生產變革的模範工廠受到國內外的關注。2009年時，工廠員工為433人，分為4組，一組7人，採兩班制方式進行作業。在薪資或升等方面，採以工作能力來決定的職能資格制度。勞資雙方從1996年起即維持穩定的合作關係。

　　一般而言，生產變革是企業面臨危機時才會採取的措施。但Y企業的變革是自從創業以來就不斷進行，有別於韓國其他企業的由上而下的管理方式，而是重視生產現場的自主性。

精實生產之實踐

　　1990年代之後，精實生產在全界形成一股風潮，儘管生產現場採用連續工程，Y公司D工廠亦積極地採用，並透過公司內部的教育訓練，將主要的精實生產的技法引進至現場。右頁表彙整了各年度引進的基本工具與流程改善技法。

表：Y公司D工廠引進之精實生產技法			
基本工具	引進年度	流程改善技法	引進年度
5S	1994	設備之效率化	2007
問題解決技法（5Why）	1994	改變流程以縮短時間	2008
作業之標準化	1994	價值分析系統	2008
TPM	1994	目視管理系統	2008
TQM	1994	排除8大浪費以達到成本降低	2008

資料來源：韓國雇用勞動部（2010）

六標準差之實踐

　　Y公司為了進行品質變革，2006年不只有D工廠，甚至於全公司及零件企業都引進了六標準差。主導六標準差活動的團隊，皆是持有稱為「帶」（Belt）證照之經過品質認證證照的專業人士。而Y公司在培養這樣的專業人材上花了很大的心思，2006年只有14人取得GB（六標準差的現場負責人），以及5人考取BB（六標準差的問題解決專家）；而到了2009年成長為有1人考取MBB（六標準差的最頂尖專家），21人取得GB，以及43人考取BB。各個專家選定品質課題後，再以那個專家的團隊為主，進行問題的解決。其課題的件數到2009年亦成長至32件。像這樣的人材培養，讓六標準差於2006年順利地引進至D工廠，到了2007年引

進至零件製造的工廠，2008年甚至引進至工廠的間接部門，逐漸擴散至交易往來的協力企業。

精實生產與六標準差之整合：LSS

Y公司從1990年起採用了精實生產，但以工廠的生產現場為主，全公司的變革及持續性來看，存在著一定的限度。2005年以後引進了六標準差，雖在品質提升上有顯著的效果，但還是無法縮短訂貨至交貨的前置時間、降低成本、改善作業過程等問題。在這樣的情況下，Y公司為了提升企業的整體價值，而轉以希望整合前述之兩種技法。

藉由整合的方式，能將精實生產與六標準差的專業工具，配合自己公司的狀況加以活用。透過推展LSS，除了達到相輔相乘效果也能迅速對顧客提供服務，並同時達成提升產品的可靠度、生產率、以及解決不良產品問題、縮短交貨時間。也就是透過拉式生產系統（pull system），以顧客為主的服務、消除浪費、改善作業過程、以現場為主的精實生產方式與滿足顧客、解決品質不穩定的問題、階段性解決特定課題、藉由將六標準差推行至全公司的整合方式，進行新的生產變革。

整體而言，LSS是一個需投入長時間，類似TPS的持續性改善活動。並且為了解決顧客的各種問題，而採取數據化的科學分析，LSS更具有統合六標準差的意義。一邊持續

進行實體系統中類似TPS的現場改善，一邊透過生產現場和顧客情報的數據化，來試圖創造新的顧客價值並實現突破創新。LSS是一智慧生產的方向性。（參見下圖）

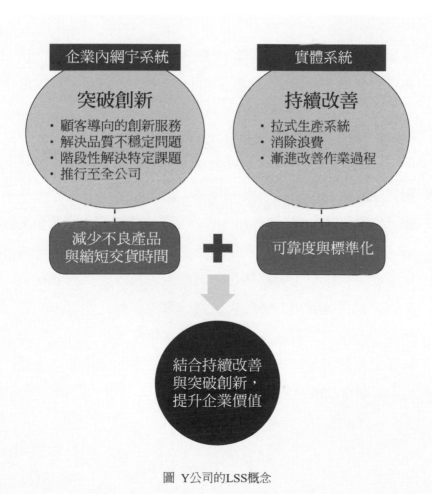

圖 Y公司的LSS概念

如上所述，Y公司在推行整合了兩種技法的LSS之結果，現場的提案件獲採納率超過50％，生產線換模時間也由以前的120分縮短為60分，成本減少了14億2千萬韓圓。此外2006年的工程不良率為2.6％，到了2009年改善至2.2％。

　　另自2010年開始，該公司對400人以上的員工實施「革新教育程序」，提案件數到達1,500件以上，並為了實現提案實施了447件的革新計畫。最終將個人附加價值生產額從6億韓元增加至13億3千萬韓元，此增加率達到122％。

　　Y公司因整合了看似不同的精實生產與六標準差，並改造成能配合自家公司環境的技法，進而能讓全公司的生產變革持續深根。2010年以後，包含Y公司的韓國大企業中，公司內各部門，特別是經營和生產關聯資訊，透過公司資訊系統進行數位化與連結化。同時，也將收集到的資料分析方法與問題解決方法對員工進行教育，藉此孕育出品質改善，以及縮短顧客交貨時間等顧客價值。這些成效，對於精實智慧工廠的實踐，特別是韓國企業的製造創新，提供了一個新的啟發。

第
5
輯

第 5 輯

他山之石

主要工業國的實踐

我們在最後一輯五篇文章中，最終要呈現日本、韓國、德國、美國與中國大陸五個工業國的智慧製造變革探索。

除了檢視德國工業4.0的原始構思與後續發展外，日本豐田汽車、中國大陸的海爾家電，韓國產業的數位化與連結化；與美國企圖重返製造等，我們將評析這些經典的案例裡，如何發展出不再被新技術表象所困惑的智慧製造生態系統。

金融風暴後豐田汽車的
精實智慧製造變革

　　全球汽車暨零組件產業的活絡，反映主要國家產業的興盛。豐田汽車先遭遇了2008年的金融風暴，以及稍後的美國市場剎車器品質疑雲，不僅使它在二戰後復原的1949年以來首嚐赤字，豐田社長因此出席美國國會公聽會、整個公司也進入史無前例危機。

　　然而，危機並沒有動搖豐田汽車堅持精實造物思想與日本製造的基本主張。2013年度豐田汽車以2.4兆日圓的獲利，改寫全球金融風暴之前，亦即2007年度的歷史紀錄。最近2013至17年度的數據說明，肩負日本國內製造三百萬輛（含約50%外銷），即使日幣升值到100日圓兌換1美元，豐田汽車仍可取得2兆日圓的全球最高獲利水準。

　　本書合著者劉仁傑教授連續於2013、2015、2017年，出席每兩年舉辦的名古屋工具機展（MECT），聆聽豐田汽車生產本部長牟田弘文、常務理事花井幹雄、常務理事近藤禎人的演講，直接感受到環境劇烈變遷下，豐田集團的精實實踐已經進入全新境界。加上最近豐田的結合IoT主張，一種能夠調適長期環境變動的精實智慧製造模式，呼之欲出。

國家間成本縮小與IoT趨勢

2007年是日本號稱戰後最長的景氣擴張期，無獨有偶，2017年的全球股市榮景也正讓人們樂觀看待2018年。全球金融風暴即將滿十年，十年間的最大變化，是國家間生產成本差距的縮小。特別是高附加價值產品，在納入製造流程高度化、品質管理暨人員流動的衍生成本、智財權的風險等因素，已經讓先進國與世界工廠中國的生產成本大幅縮小。因此，繼工業革命之後最大規模的世界工廠多元移轉，正如火如荼的展開，製造業重返美日已成為國際經營最重要的議題。

大金空調與卡特彼勒移轉部份海外據點回到日本與美國國內，中國的聯想、台灣的鴻海，日本的三菱化學紛紛擴大對美投資，美國成為全球製造企業新興投資基地。從全球製造產業觀點，這個全新動向迥異於盛行了四分之一個世紀的全球化概念，亦即將不再一面倒地向「具備比較優勢之新興基地」集中生產。換句話說，下列兩個趨勢已經隱然成形。

一個是兼顧中國大陸市場製造升級的同時，朝向成本相對低廉的東南亞移轉，也就是全球化的延伸策略。這項趨勢反映在製造流程的自動化變革。如果用產業用機械人消費台數做為指標，「國際機械人聯盟」（IFR）的初步統計顯示，2017年中國機器人消費台數成長達50%，生產數量

亦已超越日本，中國已經成為全球工業機器人的最大消費國和最大生產國。

另一個是回流美國、日本與台灣等原投資國或先進國，用提升製造附加價值確保製造利潤。這個趨勢的關鍵在於調適市場變動的組織能力，也就是高度化生產據點如何進行可持續的價值創造。可能的解決方案之一是結合精實製造與智慧工廠。

豐田汽車堅持依照需求的後拉式拉式生產，也就是為後製程製造與可視化，不允許有不明或不穩定的物流出現。只要能夠達成這個消除浪費的目標，用IoT突顯不明物或不穩定的出現，用AI找出工匠的手順規則，或者用大數據俯瞰正形成的需求，不僅不必排斥，應該虛心學習。

堅持基礎管理：品質與TNGA

在TPS的基礎上，豐田汽車對品質維持一貫堅持的同時，近年積極發展從造物設計思想出發的TNGA（TOYOTA New Global Architecture）。

一位豐田集團台灣子公司經營者，分享了去年度豐田集團TQM大會的光碟。來自豐田汽車、電裝、JTEKT、愛信精機、大發汽車等豐田集團350家公司、超過4千人參加。眾所週知，TQM是包括製造、開發與間接部門的改善活動，為了共有各公司提升品質與改善效率的卓越案例，

自1966年開始每年舉辦，今年已經是第52屆。

儘管TQM與QCC在日本已經不復往日興盛，豐田汽車集團卻強調持續就是力量，品質改善沒有捷徑。豐田汽車技監佐佐木真一說，QCC與提案改善是讓職場活性化的兩輪，對人才培育的意義很大。統計資料顯示，豐田汽車2016年的提案總件數有59.6萬件，比十年前的2006年少了數萬件。但是，具備卓越效果的優良件數卻達3.12萬件，是十年前的兩倍。呈現了從「重量」逐漸邁向「重質」的傾向。

製造現場的自律要求與高層的積極重視，相互呼應。透過AI、IoT、SQC，也從原來的品管範圍開拓出新世界。譬如，「可追溯」（traceability）是指產品在何時、何地如何製造出來的生產履歷。豐田集團正使用IoT深化了其可能性，對於品質問題的追蹤、降低返修成本、防止再發，有非常大的幫助。

TNGA則是豐田汽車2015年3月公開之造物設計思想，預定到2020年將整合50%之車種，逐步創造全球規格。在實務意義上不僅具備提高商品力、產品開發效率、現場生產效率，同時在整合全球市場規格與採購策略上極富意義。

以2015年導入TNGA的PRIUS車款為例，它整合了原有的100種車架與800種引擎，在達成商品目標下共用零組

件。譬如原有5種座高與4車種的20種組合，透過提高鋼板張力，讓分擔組合降至3種。亦即透過共同車架與高張力鋼板提升商品魅力做為基礎，讓產品協理致力於顧客看得到、摸得著部份的設計，同時調整驅動微妙的品味等顧客價值。

彈性調適需求變動的生產變革

金融風暴也讓豐田汽車從2008年3月期的史上最高獲利，到2009年3月期的59年來的首度赤字。生產本部長牟田弘文說，市場需求腰斬是虧損的外部要因。期間豐田汽車的全球生產量從高峰的860萬輛下滑到641萬輛，日本國內則從410萬輛下滑到285萬輛。但是，如果只將原因推給外部環境，不是負責任的生產現場。

牟田弘文用實際的案例，說明豐田汽車這五年間的製造創新。包括：省能源的製造結構創新、產線結合產量的伸縮化、因應伸縮的模治具改善，以及這些數以千計製程改善的跨部門資訊共有。由於許多行動的改善效果都超過40%，如果生產量下調到原來的一半，現場已經可以做到每輛車的生產成本不變。牟田弘文說，這樣的概念與實踐正在全球27國52據點同步展開，他本人就去過其中的51個據點。

整理豐田汽車此波變革，可以歸納為「需求減半、損益

平衡」的生產機制與能力建構。用通俗的話說，新的生產機制具備調適市場變化能力，亦即讓使用廠房、設備、能源、人力等「固定成本」，有效轉換為「變動成本」。換句話說，將TPS依照產量決定TT（節拍時間）與從業員人數的少人化概念，全面擴充到整個生產系統。

當然，因應市場變動多山的從業人員如何有效運用一直是TPS的議題。在這方面豐田集團與汽車零組件企業也有進展。扼要的說，就是「提升危機意識，進一步激發創收與改善潛力」。我們檢視實際案例，可總結為下列三個步驟與方法。

第一，貫徹消除浪費、損益平衡目標，現場堅持僅使用最低必要人力，釋出具有活力的人員。

第二，成立跨部門小組，活用具備豐富經驗的人力，解決需要時間的改善項目，特別是跨部門的問題。

第三，設立對外部派遣支援小組，主動聯繫相關企業，特別是跨產業的協力廠，一方面協助其消除浪費與問題解決，另一方面支援生產與擴大創收。

對台灣製造企業的啟發

眾所週知，台灣自行車A-Team初期是由豐田集團的國瑞汽車與慧國工業等台灣汽車主流企業所輔導推動，在國際上傳為美談。因此，上述豐田汽車的精實實踐，事實上

在十餘年前已經在台灣積極摸索，對台灣產業界一點都不陌生。

2006年9月M-Team成立以來，台灣工具機企業的精實變革已經蔚為趨勢，其中台灣引興、台中精機、永進機械的指標性新產線，廣為各界所知悉。近五年積極投入的幾家企業，如台灣麗馳、崴立機電等，亦呈現了後來居上的態勢。因此，豐田集團最近的精實變革，對台灣製造企業至少有下列兩個啟發。

第一，精進精實系統，有效調適市場變化。特別是工具機的市場變動遠超過汽車產業，堅持少人化的降低成本效果將更為顯著。讓我們一同精進精實系統，致力於「需求減半、損益平衡」機制與能力的建構。

第二，組織人力，走向協力廠與顧客企業現場。活用精實知識不僅可以解決現有的問題，甚至有機會創造全新生產效益，以及帶回具備全新顧客價值的新產品概念。

韓國精實智慧製造的發展與特徵

　　韓國企業到目前為止進行了各種的生產變革。若以年代的順序來看，分別為1980年代的TQM（全面品質管理）與TPS（豐田生產方式），1990年代的六個標準差，以及2000年代的LSS（Lean 6 sigma）。最近則將工業4.0逐步融入製造業的創新之中。

　　韓國企業於1980年代開始引進豐田生產方式，主要是在製造現場應用品質管理或改善工作，對認識工作現場品質有很大的效果。但因部份的技法並不能完全適用，只取得短暫性的宣傳作用，未能達到讓品質持續改善的目標。

　　六個標準差是一種統計測定單位，意指在100萬個產品中可能會產生3至4個不良產品。其技法是以讓產品達到六個標準差的品質水準為目標，測定與分析不良產品並進行統計，再針對問題的原因進行解決，是一種徹底改善問題的生產變革方式。到了1980年代，隨著美國的摩托羅拉或GE的成功，許多的韓國工廠開始引進了此技法，並漸進地擴大至間接部門、開發部門，甚至是協力廠商。可是，六個標準差雖為韓國企業的品質改良帶來了某些的效果，但同時也有企業指出以下的三個問題點：（1）教育期間太長；（2）除了指導者以外，對團隊內的成員而言，統計方式的

❺
他山之石——主要工業國的實踐

課程內容太困難；（3）到改善的成果呈現，往往需要花費太久的時間。

精實系統與六個標準差奠定智慧工廠基礎

為了克服實踐上述豐田生產系統與六個標準差的問題，持續進行生產變革，甚至將改善整個系統的風氣擴大至全公司，很多企業開始融合雙方優點，推動LSS活動。LSS是將消除浪費的豐田生產系統與秉持科學方式分析的六個標準差整合為一，主要以持續提升品質與生產力為核心，替顧客創造價值為基本目標。

韓國的「Single PPM」認證制度為韓國政府、業界團體、執行企業及合作廠商共同進行品質管理變革的結晶。這個簡稱為LSS的生產精實變革模式，具備其基本要素與成功關鍵。最近已被韓國LG電子、POSCO、KT、三星SDI等企業所採用，發揮了很好的效果。

LSS由精實生產系統與六個標準差所組成。因此，源自精實生產有關的內容大致以變革實踐團隊為中心，首先引進5S、5W1H的問題解決技法、標準化、TPM、TQM等技法；其次是改善整體的系統，包括進行設備改善、各步驟的時間縮短、價值分析、可視化管理、消除浪費等工作。

源自六個標準差的內容包括以各級「帶師」的品質管理專家團隊為中心，將作業現場的各種問題數據化，特別是

確認生產線是否有不平衡狀況，改善生產過程的整體品質等。六個標準差的主導團隊被稱為「帶師」，是擁有品質管理證照的人們。帶師制度讓中間管理職與現場管理者參與生產變革，是為了培育具有解決問題能力之人才，並具有升等制度之體系。帶師又區分為（1）黑帶大師MBB，（2）黑帶師BB，（3）綠帶師GB。

MBB是六個標準差中最高階的專家，也是主要帶領企業的六個標準差活動之關鍵人物。BB是計畫團隊的問題解決專家。GB則是修了綠帶教育課程後接受認證的現場直接人員，是能夠使用科學的技法，解決現場問題的專業人才。

LSS結合精實生產與六個標準差的優點，並透過流程的單純化與效率化，將流程價值創造至極限，甚至像是公司的DNA一般，永遠紮根（請見下圖）。

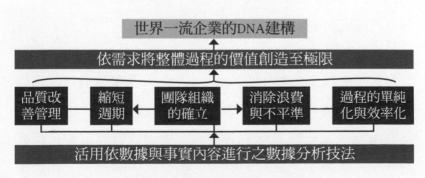

圖　製造創新基礎LSS的核心要素

資料來源：修改自Park Sung Hyeon〈Lean 6 sigma推進方法〉《品質創新》，64號，2005年）。

❺ 他山之石——主要工業國的實踐

目的導向的數位化與連結化

　　最近工業4.0備受矚目，韓國企業也在這潮流中致力於「製造創新」，積極的導入與活用ICT（資訊通訊技術）。2017年韓國產業研究院的調查〈韓國製造業的第4次產業革命對應實態特點與示唆點〉（韓文）指出，韓國企業回答「知道」工業4.0的企業比例達到97％，其認知程度相當之高。但另一方面實際進行相關「技術投資」的企業卻僅有22％。特別是中小企業，考量對於工業4.0投資的不確定性，實際投資的企業還在極少數。知道與實踐中存在著巨大的落差。

　　已經投資工業4.0的企業，期待能帶來的效果並不是「生產彈性（14％）」，而是「數據資料的活用——事業流程的變革（24％）」和「數據基礎設備的確立（21％）。而觀察實際導入的技術內容有：（1）IoT（11％）、（2）大數據（8％）、（3）雲端設備（8％）、（4）機械學習系統（4％），其他技術則尚處於觀察階段。

　　我們對主流企業的研究發現，先行導入工業4.0的韓國大企業積極運用ICT，關注能夠產生顧客價值的流程，積極對企業內各流程作業所產生的資訊加以數位化，以及將各部門做為一個流程進行有效連結。檢視其資訊電子化模式的特徵，呈現了一種目的導向的數位化與連結化。他們運用在企業內部所培育的專門人員將分析所取得的資訊，改善整體流程，朝向顧客價值的創造努力。這項努力不限於

公司內部，也計畫逐步推廣到核心零組件廠商，也就是企業間之連結化，試圖致力於供應鏈總體流程的創新。部分大企業甚至開發並在虛擬系統上模擬智慧工廠解決方案平台。例如SKC&C就有開發出名為「Scala」的整合解決方案。

　　整體而言，韓國精實智慧製造，是一種目的導向的資訊化與數位化。儘管只在主流企業出現少部份的案例，其精實智慧製造概念性架構，以及下列兩項目的極為顯著。（請見下頁圖）

　　第一，持續改善。韓國企業從1980年代開始就有配合企業的經營而進行的生產變革，例如TPS，科學資料分析方法的學習和實踐等，都有得到一定的成果。這些變革如同前述的LSS的實例一樣，結合精實生產要素和科學分析技術，日積月累的改善支撐著智慧工廠營運的實體系統。這種持續改善的努力，結合企業內的數位化與連結化，已經成為實踐精實智慧製造的重要基礎。

　　第二，突破創新。韓國部份大企業積極運用ICT，發展企業內與企業間的解決方案平台，達到創新目的。一方面發展在實體系統的問題解決平台，透過數位化、連結化與智慧化，有效消除浪費、創造價值，達成智慧控制與整合管理系統目標。同時發展能在虛擬世界中進行驗證的網宇實體系統解決方案平台，將實體系統取得的生產、設備、工程、品質等數據，進行模擬與驗證。網宇實體系統之基

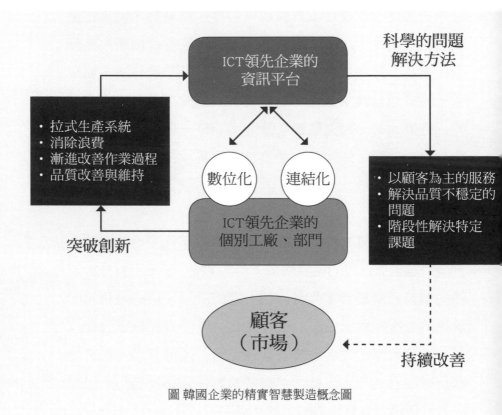

圖 韓國企業的精實智慧製造概念圖

礎平台是透過IoT平台、大數據分析、預測平台、雲端平台所構成。

邁向成功的關鍵要素

　韓國的精實智慧生產雖尚處於開始階段，初期政府的政策推動到浸透至產業界、個別企業，特別是以大企業為

中心的發展相當確實。韓國的產業界與個別企業所致力的方向就是「精實智慧製造」，檢視主流企業發展方向，具備四項成功關鍵要素：

第一，具備創造顧客最高價值之理念，並滲透至全公司，持續地以建構自家公司的經營變革的DNA為目標。

第二，基於顧客需求，堅持精實系統精神進行整體流程或系統的改善，再將流程價值提升至極限。

第三，活用ICT進行資訊化與數位化，讓生產現場或事業流程能夠連結，對各項問題以數據與事實呈現，再進行有效的分析。

第四，精實智慧生產的營運技術是平台的開發與營運，包括持續改善平台，以及源自顧客價值的持續創新平台。

24

德國工業 4.0 的動向和實踐意涵

　　德國政府於2010年提出《高科技策略2020》11大專案，預定投資兩億歐元，以提升製造業的電腦化、數位化和智慧化，跨越了其中的複數項目。2011年德國科技院（ACATECH）啟用「工業4.0」這個名稱，在2011漢諾威工業展結合其發展構想與主流企業的實物展示，一舉成名。在德國政府的提倡與號召之下，以機械暨製造企業協會（VDMA）為中心，產官學研合作設立工業4.0平台組織，推動產業和企業的工業4.0計畫。而德國電氣電子暨資訊技術協會則發布了德國首個工業4.0標準化發展路徑圖。

　　德國梅克爾政府用行銷觀點帶動智慧化基礎建設，由國家政策帶動企業投資，強化基礎建設，具備強化新型價值創造的目的。其中，相對於在ICT領域領先的美國和韓國等企業，試圖以製造服務化與智慧工廠強化價值創造，達到可持續發展其製造產業高競爭力的目標。本章首先概述其基本構想與推動過程，整理德國工業4.0的全貌，並引用最新的動向調查，最後彙整其實踐意涵。

基本構想與推動過程
　　德國工業4.0的推動構想可區分為：（1）政府建立的工

業4.0國家平台、（2）產業界大企業為中心的解決方案平台、（3）製造系統中的個別解決方案開發等三個層次，是一項實現製造服務化、高附加價值化的產業發展策略。

首先，德國政府主導建立工業4.0國家平台，作為國家總體產業發展的框架，支持工業4.0的推動。特別是運用平台內的五個執行團隊，致力於解決方案相關連技術的開發、標準化推動、相關研究、法律整治與人才教育等。

第二，結合主流企業力量設置解決方案平台，致力於智慧工廠解決方案的開發和普及。譬如西門子開發的Mindspeer，就是一個代表性的產品。它是一個開放式解決方案平台，相互連結了全球實體系統的工廠、設施，可從那裡收集和分析工廠和顧客的數位資料，並且可以從這些大數據中尋找新的商業機會。個別企業可以透過該平台監控他們在世界各地的工廠和設施，並使用解決方案APP來達到預測、保全和優化工廠的營運。

最後，製造系統和個別解決方案產品，則是擁有工廠實體系統的個別企業開發自己所需要的解決方案，並透過展覽會的展出，普及到其他企業。這種構想衍生了三個具體案例。

（1）福斯汽車公司開發了人類和機器人的「連結化」合作系統。該系統藉由無人搬送機（AGV）和機器人來協助作業人員工作，以提升作業現場的生產力和品質為目的。

（2）Bosch公司所開發的智慧輔助系統。該系統配合作業員人員的技巧熟練度等個人資訊，在現場螢幕即時提供工作指示，是一個能夠根據作業人員的技巧熟練度數位化顯示工作訊息的智慧系統。

（3）Schmelz公司則開發了預知保全系統。該系統透過設備上安裝的感測器，取得該設備運作的狀態資料，並傳送給IT機器，達到能夠預知與防範生產設備故障的保全系統目的，是一種能將預知結果主動告知使用者的智慧系統。

德國工業4.0的全貌

前節分析顯示，德國提倡工業4.0具備政府主導、國家研究資源投入、產業界核心企業的解決方案平台開發與智慧機械設備開發，支援中小企業現場等特徵，構想全貌如右圖所示。

在德國政府的產業發展策略下，國家所屬研究機構與大學擔負智慧製造相關的基礎研究，積極支援產業界。機械暨汽車產業的核心企業，研究開發智慧機器設備、主流企業則開發解決方案平台，並將兩者的成果普及至全國中小企業群的製造現場。

檢視德國工業4.0的本質，並非實體系統的製造創新，或如同美國ICT基盤的網宇系統開發，也非依存於網路企業。雖然主張以解決方案平台為基礎的智慧工廠化，企圖

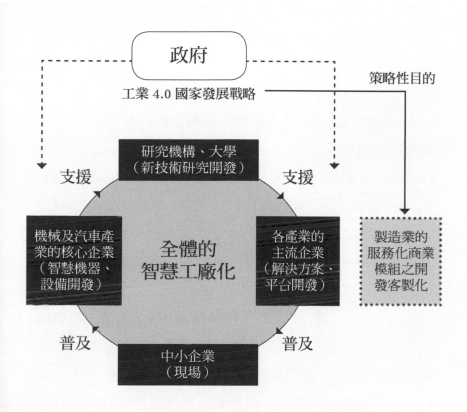

圖 德國工業4.0構想全貌

實現製造服務化、高附加價值化的產業發展策略；但可能動搖中小企業差異化競爭力的疑慮一直存在。

最新實踐動向調查

上述分析顯示，德國工業4.0具備中央主導的政策性強

烈意圖，甚至透過每年舉行的漢諾威工業展，影響擴及全球所有的工業國。然而，經過了五年歲月，除了上述官製構想與官製案例之外，是否已經反映在個別企業的策略意圖與生產現場？

2017年底出爐的〈日本學術振興會科研計畫報告〉（參閱Mitsuyama H. & Nakazawa T., The Collapse and Beyond: Fantasies of Industry 4.0, Hitotsubashi Business Review, 2017 Winter）提供了第一線觀察，包括了讓人震撼的4個重點。

（1）德國政府的工業4.0構想，仍然停留在構想階段；因為國家平台與解決方案平台都沒有明確的進度，嚴格說已經開始解體。

（2）支援工業4.0構想，也就是活用IoT追求生產效率的智慧工廠，以及連結個別企業形成國家整體智慧工廠的基礎建設：連結介面「共同標準」的建立，仍在原地踏步。

（3）主流企業表示解決方案大都停留在2014年之前，也就是國內外各界所週知的幾個方案。西門子、SAP、Bosch說沒有進一步的訊息可以提供。而福斯汽車最近因應景氣增加了1萬人的僱用，與先前發佈工業4.0的省人化效果呈現矛盾；從業員在受訪時大多數對工業4.0抱持著懷疑的態度。

（4）訪談顯示幾乎沒有中小企業關心這個議題，事實上為這些中小企業開發的應用方案也尚未存在。做為德國

製造業骨幹的中小企業約有330萬家，沒有應用工業4.0解決方案的需求，自然就無法拉動供給。

結論是，個別企業與政府的策略意圖產生了強烈的反差，工業4.0不是符合德國企業的一種價值創造活動。

官民反差的實踐意涵

德國產業，特別是機械產業，跨企業共同平台的建立，與既有產業生態系統、個別企業的差異化、以及被根植在實體系統的工匠制度，都發生相當程度的隔閡。也就是說，國家與產業界在策略意圖上有所相異，個別企業也對於投資ICT關聯技術所能獲得的經濟利益感到不安。這正是除了少數大型企業之外，實際上並沒有進展的原因。做為工業4.0發源地的德國，在實踐工業4.0過程所呈現的官民反差，至少具備三點重要意涵。

第一，手段上的矛盾。如果深入實體系統中的生產技術，包括切削加工、成形加工、板金、模具、熱處理、表面處理等，在本質上完全不同，不同產品的關鍵技術亦不相同，共同的應用方案是否存在本身可能就有討論空間。回想近20年來，ERP在不同企業普及的艱辛過程，或許可以理解共同方案的曲高和寡。

第二，釐清目的，才能落實到實體系統。透過ICT技術進行數位化與連結化，技術能力本身的高度化，舉世公認。

但是，這項手段能否提升產品或製程的附加價值，才是關鍵。事實非常明顯，工業4.0帶動的新型價值創造模式，對於專精於差異化或高性能產品市場的傳統德國企業，短時間內還沒有魅力。

第三，網路企業主導跨企業的共有平台，開始動搖產業內個別企業實體系統的競爭基礎，德國企業擔心既有競爭優勢有可能因此消失。從這個角度，如何保有開放創新的環境，在網宇系統中建構策略性共創平台，將是精進實體系統後的重要挑戰。

美國智慧製造生態系統的發展策略

自2011年德國「工業4.0」的號角響起後，各製造大國陸續推出各自的工業 4.0版本，雖然各國的版本不同，但本質上都指向同一個核心議題，就是智慧製造。本文探討美國如何整合產官學研資源與善用聯盟機制以發展具有美國特色的智慧製造生態系統，並探討他們的發展策略對台灣製造業有甚麼樣的啟發。

共生共榮的智慧製造生態系統

猶如在自然生態中的生物處在一個特定環境之中，生物需要相互作用，不斷進行物質的交換和能量的傳遞，以維持旺盛的生命力。面對智慧化環境，當今企業需要發展一個適合大家共生共榮的智慧製造生態系統。而智慧製造生態系統的建立需軟硬兼施，虛實並進。硬體技術包括感測裝置、網路裝置、機器人、3D列印、智慧型手機；軟體方面則包括雲端平台、大數據分析、人工智慧、虛擬實境VR／擴增實境AR等技術。因此，製造業導入雲端平台、利用人工智慧及大數據分析、結合工業互聯網等技術，透過平台連結產業上中下游，以形成可快速客製化的製造生態體系，在下游端讓用戶參與產品設計研發、智慧製造、物

流配送等，在上游端則匯集多家企業提供製造資源，如此形成一個環環相扣，共生共榮的智慧製造生態系統。

美國先進製造夥伴計畫的推動

「聚焦應用快速的商品化的科技，分享政府研發設施，促進產業協同研發以降低商品化風險，回應顧客的需求，也能為公司創造更高的利潤。」這是美國前任歐巴馬總統宣布推動美國的「先進製造夥伴計畫」（Advanced Manufacturing Partnership, AMP）時所設立的目標。

自德國提出「工業4.0」後，相關議題迅速在全球發酵，身為製造強國的美國當然不會在智慧製造的競技場上缺席。

談到美國的智慧製造，不禁令人想到2011年6月24日，這是美國製造業值得紀念的一天，在匹茲堡卡內基梅隆大學的優美校園裡，聚集了美國產官學界的重要人物，當然還有時任總統的歐巴馬先生。當天歐巴馬總統公布推動美國的「先進製造夥伴計畫」，隆重宣示對「再工業化」策略上的重視。這項AMP計畫最初是由「美國總統科技顧問委員會」（the President's Council of Advisors on Science and Technology, PCAST）在2011年6月發佈的「確保美國先進製造業領導地位」政策報告中提出的。歐巴馬總統隨即任命美國陶氏化學公司（Dow Chemical）的執行長李佛瑞（Andrew

Liveris）和麻省理工學院校長霍克菲爾德（Susan Hockfield）擔任AMP計畫的領導，參與的學術單位有麻省理工學院、卡內基美隆大學、史丹佛大學等知名學府，產業界則有康寧玻璃、福特汽車、英特爾、寶僑等大企業。目的在建構一個製造業產官學研聯合的基礎平台以形成一個創新智慧製造生態體系。

同年11月，在美國商務部所屬的美國標準與技術研究院（NIST）設立「國家先進製造項目辦公室」（Advanced Manufacturing National Program Office, AMNPO）。主要負責協調產業界、學界和聯邦政府部門，統籌規劃與先進製造相關施政、管理公開競爭的研究所篩選創建流程。透過共同投資新興技術來創造高水準的美國產品，保持美國國內先進製造的競爭優勢。後來於2013年又推出AMP2.0版，由此可以看出歐巴馬政府在先進製造的決心。仔細分析其推動策略乃先以平台建構為起點，善用其網路與軟體優勢，設定重要的發展項目為實踐，以確保美國的先進製造地位。

策略性共創平台的建構

美國在製造技術提升上善用聯盟方式來推動。諸如，建立先進製造技術聯盟（AMTech）藉由公私部門合作，為業界提供必要資源，為鼓勵創新技術與提升現有技術，先進製造技術聯盟提供「技術提案獎（planning award）」和「專

案執行獎（project award）」補助支持具長遠競爭力的基礎和應用研究，目的是從基礎研究中找出符合長期產業研發需求的技術，並依據需求迫切性排序，促進更高效率的製造技術移轉，整合價值鏈上所有相關企業。 如此在資源的投入上更顯得有優先順序。

在制定標準與智慧連結化方面，「美國工業物聯網聯盟 」（Industrial Internet Consortium, IIC）為AT&T、Cisco、GE、IBM與英特爾於2014年共同成立，目前已有超過200家會員，如軟體平台廠商PTC、機電大廠ABB、雲端廠商微軟、測試廠商National Instrument、傳統製造大廠西門子與晶片廠商高通等，生態系相當完整。以聯盟形式逐步影響各組織制定標準的流程和走向，進而提供測試場域，讓創新技術與商業模式得以實行。

在工業物聯網架構演進上，IIC在2015年於發表「工業網路參考架構 」（Industrial Internet Reference Architecture，IIRA），針對跨工業領域會遇到的安全隱私、連線與互通性問題制定架構，讓現存標準或未來可能出現的新標準能統一在此安全架構下運作。IIC也與不同聯盟合作，如2015年3月與開放互聯聯盟（Open Interconnect Consortium，OIC）結盟，主要由英特爾和戴爾等公司組成，而透過技術互通與資訊分享，相容於彼此的參考架構和開發框架。至於連接雲端最令人頭疼的資安問題，IIC也於2016年9月發布

IIRA第一版安全協議,是由晶片製造商、設備開發商與終端用戶共同訂定。

智慧型製造領導聯盟的推波助瀾

以上介紹可發現,美國推動智慧製造有政府主導的AMP計畫、先進製造技術聯盟(AMTech),也有民間企業發起的工業物聯網聯盟(IIC)。此外,還有由一稱為「智慧型製造領導聯盟」(Smart Manufacturing Leadership Coalition,SMLC)的非營利機構組織,也發起倡議致力於製造業的未來。智慧型製造領導聯盟是一個非營利性組織,由製造業公司、供應商、技術公司、製造商集團、大學、政府機構和實驗室所組成。此聯盟的目標是讓這些製造業的利益相關者形成協同研發、實作和推廣的團體,可以發展出相關的方法、標準、平台和共享的基礎架構,促進智慧化製造。

以上美國推動智慧製造的策略及作法可觀察到,智慧製造欲透過工業網際網路是要將之前工業革命所帶來的眾多機器、裝置和設備,與數位化革命帶來的雲端運算、資訊和通訊系統進行緊密連結,以創造新的智慧製造。

主流企業的智慧製造實踐

姑且不論GE公司近年的股價表現,若要推舉美國代表

⑤ 他山之石──主要工業國的實踐

性的智慧製造實踐案例，絕大部分的人都會直覺地想到GE公司。GE工業互聯網將把所有各自獨立運作的「應用孤島」緊密連接，運用大數據分析技術、雲端運算技術、移動技術，建構一個由機器、設備與人工智慧組成的龐大的網路。

有別於消費性互聯網，GE所建構的工業互聯網是垂直的，是將產業深度的經驗，轉化為有用的知識，這正是所謂「互聯網+」的模式。工業互聯網主要從數據中獲取有價值資訊，以進行決策。

GE在2013年11月一口氣推出了9項全新的工業互聯網服務技術，涵蓋運輸、能源、醫療等多個領域。GE的工業型網際網路乃從技術應用面切入，並和GE的航空、鐵路、醫療儀器與工業型網際網路結合。透過「互聯網+」的組合公式，讓風電廠變成數位化風電廠，也讓航空公司的每一台飛機發動機都能進行單獨的資料分析，提升燃油管理效率。此外，還能讓醫院的醫療設備提升診斷能力和利用率。

另外，便是微軟與GE所推出一套提供企業用戶在Azure雲端服務中使用GE的PaaS（Platform as a Service）平台Predix。Predix平台可提供產業企業用戶打造工業網路應用程式，用來連結工業資產、蒐集和分析工業資料，同時也能提供即時資訊來優化工業基礎建設。例如Predix中的資產性能管理（Asset Performance Management，APM）和營運優化服務。GE的APM系統每天共監控和分析來自1兆個設

備資產上的1,000萬個感測器,所發回的5,000萬條資料,終極目標是為客戶實現100%的無障礙運行。此專案是藉由蒐集該公司所售出機器上的資料並加以分析,以用於提高機器效率。

　　GE以工業網際網路為技術核心、不斷進行軟硬體整合,加速製造業的服務化及智能化;這項重大新策略使GE從一個傳統設備製造公司,轉型進入以互聯網為新發展方向的公司。Predix工業互聯網平台,有時還會令人誤以為是美國國家級的智慧製造行動。

　　GE在伊梅特(Jeffrey Immelt)任內的工業銷售上,從61億美元提升到174億美元。其中GE航空增長三倍,達到60億美元。而交通、醫療、能源等都有二至三倍的增長。跟競爭對手如施耐德、西門子、ABB相比,GE獲利與股價表現顯得落後不少。但其在全球工業設備製造業的龍頭企業,在航空、鐵路、能源、醫療等行業的高端關鍵設備製造方面具有舉足輕重的產業地位。或許是出於大公司的穩健持重的特性,在發展工業互聯網概念時採用了比較保守的方式。伊梅特以GE現有的產品和市場規模,只要引入工業互聯網,使相關設備的效率提高1%,十年下來就可以為各個產業節省數千億美元的開支。這就足以證明GE是該進軍工業互聯網。

生態系統發展的策略與特徵

美國以製造強國的姿態發展先進製造，台灣所擁有的資源與能耐當然無法與之相比擬。我們未必要循著美國的模式推動發展，但其發展經驗卻可以作為借鏡。

我們最後歸納以下幾點建議：

首先，需政府之大力支持，美國有前總統歐巴馬親自開啟先進製造夥伴計畫，有豐沛的產官學研及非營利組織促成智慧製造領導聯盟，加上具有相當份量的主流企業的積極實踐智慧製造。這些都是非常重要的關鍵要素。

其次，必須透過平台整合，台灣之前早有A-Team、M-Team等整合模式，本身應該有能力對特色產業建構一個產官學研聯合平台，以提供一個智慧製造生態體系。使產品設計、開發、生產、銷售等垂直與水平價值鏈，提升智慧製造服務的應用層次，讓生態體系內的成員做最有效的互動。

最後，亟需鎖定深耕代表性產業善用虛實整合，落實精實系統，為企業帶來真正的價值，為客戶帶來更高的服務滿意度。藉由智慧製造生態體系切入全球先進製造供應鏈，方能生存立足。過去臺灣錯過了數位化與互聯網的浪潮，如今先進智慧製造成為兵家必爭之地，電子電機、機械及資通訊業正好是臺灣的強項，如何運用生態系統發展競爭優勢，讓臺灣製造業在全球供應鏈佔有一席之地，實為當務之急。

實踐中國製造2025的海爾互聯工廠

在2018年德國漢諾威工業展中,「海爾」的COMOPlat示範線在展場掀起工業4.0的巨大話題,成為會場最大亮點。當時新華社亦用「海爾到德國助企業轉型」、「中國方案」為題大幅報導。本文將從互聯工廠來詮釋海爾的實力與魅力。

海爾透過互聯工廠來實踐,從大規模製造轉為大規模訂製(mass customization)的製造變革。海爾已經實現中國製造2025的夢工廠,包括青島空調、青島熱水器、鄭州空調、瀋陽冰箱和佛山洗衣機,五個產品工廠,以及青島模具、費雪派克電機,兩個模組工廠。

2018年3月,在知名工具機大廠安排下,我們參訪了海爾青島中央空調智慧互聯工廠,傾聽互聯工廠對工具機智慧化的要求。工廠大廳用「海爾精神:誠信生態、共享平台」,「海爾作風:人單合一、小微引爆」這兩句話迎賓。這十六個字,詮釋開放創新平台和互聯工廠的價值;海爾將員工與客戶連起來,內部營造創客環境,以創造顧客價值為目的,透過互聯網將企業內外資源整合的流程,建構與顧客、供應商、員工、企業共享共創共贏的生態系統。

連結自己和顧客價值的共創平台

從顧客價值出發，用客製化產品結構和製造為基礎，建構智造能力和彈性能力的互聯工廠。這樣的平台是海爾將自己和顧客的價值連起來，實踐互聯工廠的內涵。

面對不可逆的客製大浪，海爾將顧客要求區分為三大類型。首先是在既有產品結構的基礎下，將產品的多樣功能標準化，顧客可以自由搭配選用組成大眾化的套餐，稱為「模組產品」。然而多樣化的標準功能，無法滿足挑剔顧客的需要，需要局部修改才能滿足部分顧客的需要，這種特殊的方案，屬於小眾的「專屬產品」。極為特殊的使用者，必須為他重新設計製造才能解決問題，這種全新的產品與功能規格是唯一的，這是「眾創產品」。

要解決從傾聽到讓顧客滿意、客製化衍生內部矛盾的問題。海爾將顧客、研發資源、供應商和創客文化，用全流程系統整合起來。這個客製化創新生態系統，從與用戶互動的需求資訊開始，再將需求轉換為不同層次的模組化產品結構。客製產品在互聯工廠內採取差異化的生產製造模式，運用智慧物流交貨到顧客手上，達成共創共贏的生態圈。

海爾生態圈是由各司其職的平台融合而成，包括：

（1）將所有互聯網、物聯網和每個家庭連起來的U+綜合智慧平台。

（2）顧客參與設計、製造、交流，以及與供應商資源分享的顧客訂製交互平台。

（3）將顧客流量轉換為口碑的即時營銷平台。

（4）將全球研發資源與顧客需求，直接連結的開放創新平台。

（5）讓模組供應商第一時間了解顧客需求，並提供模組解決方案的模組商資源平台。

（6）融合模組化、自動化與資訊化，將人、機、料和顧客即時連結的智慧製造平台。

（7）智慧物流平台。

（8）將顧客體驗直接和員工連結互動的智聯服務平台。

讓顧客可以深度參與設計、開放快速查看產品製造和配送訊息，以及即時滿足客製化需求。互聯工廠與八大平台零距離、零時差接軌，及時回應顧客的需要，這是海爾的核心競爭力。

異中求同的產品結構和生產

「大量訂製」的大浪，已經逐漸淹沒「大量生產」模式。海爾在平台上與顧客深度對話，發展三種類型的客製產品，以及三種生產模式的產線。

模組化產品有異中求同的特色，是實踐大量訂製的基礎建設。譬如已經上市的成功案例有，眾創洗衣機，它是

從平台上收集顧客參與數據，整理歸納為數十個模組方案，再篩選出兩個最佳產品組合。天樽空調則將產品的所有零件，整理歸納為十多個模組組成的多樣化產品。瀋陽冰箱工廠，將幾百個零件，優化為十幾個模組，可以根據顧客選定的顏色、款式、性能、結構等需求，進行任意快速組裝。「均冷冰箱」也是將產品零件，整合為多樣多能模組，對外讓顧客可以根據需要的功能，任意組成個性化冰箱。對內享受上市時間縮短、成本降低，和加工時間減少的好處。

鄭州空調互聯工廠，落實模組化、自動化、智慧化、數位化，用主要的共用模組，搭配少數個差異的個性模組，可以達成非常多樣的客製產品方案，廠內用三種類型的產線來滿足差異化的生產批量。

批量大、個性化需求少的大眾化產品，由自動化訂製產線負責。批量小、個性化需求多的小眾產品，在彈性訂製生產線製造。完全訂製的產品，則安排在單元訂製生產線完成唯一的產品。

數位化管理讓生產、交期透明可視

海爾青島中央空調智慧互聯工廠，有風冷和水冷產品系列，依產品尺寸大中小區分，兩個系列、三個種類大小共有六條產線。每一條產線都是單件流，根據訂單交貨日

期安排上產線。主出線有熱交換器桶體焊接、自動測漏、桶體噴漆、安裝壓縮機模組、充填冷媒、測試產品功能、包裝出貨，七大工位。工位旁有單件流副線或模組供料店面。

　　主產線融合了焊接和噴漆的加工工序，以及產品測試與組裝的工序。海爾互聯網工廠對產線的數位化管理，主要掌握人與設備兩大項數據。透過工位刷卡設施，自動記錄人員、工作項目與時間；設備透過感測器與機聯網設施，自動收集設備狀態和生產資訊，並上傳到資料庫，讓顧客可以即時看到生產進度。

　　設備狀態和生產資訊，搭配設備維護點檢的iTPM（Total Productive Maintenance）機制，對設備預警安排保養，取代過去的故障報警搶修，確保品質和交期。譬如，我們在測漏工位，看到從人工改為自動的成效：工時降低、良率大幅提升，生產履歷也自動同步被記錄下來。

海爾互聯工廠的三大能力

　　海爾顛覆過去的製造體系，不是機器換人的自動化工廠，是從顧客想要到如期交貨給顧客使用，再收集顧客體驗資訊，打通全流程生態圈的系統。全程參與、零距離、透明可視是海爾互聯工廠的三個能力。

　　● 全程參與：使用者經驗，在顧客訂製交互平台與設計、銷售、模組供應商深度對話，顧客是使用者也是設計

者，可以全程參與設計和製造。

● 零距離：企業部門內每位人員，可以和顧客直接對話，消除企業內從訂單到出貨處理程序的浪費，大幅提升顧客價值。

● 透明可視：企業流程透明，包括顧客、企業內外的參與者，隨時隨地都可以追蹤、掌握訂單到交貨每一個程序的資訊。

互聯工廠是將自動化融合智慧化

將數值控制器裝在機器上，提高生產精度和效率，設備搭配自動上下料的自動化整合技術，可以節省人力，這是將資訊工具運用到生產設備的自動化變革。在生產製造領域，工業4.0的變革，是在自動化的基礎上，增加智慧化的功能。(見下頁圖)

自動化變革，是根據生產批量大小的需要，有大批量的自動產線，和多樣小批量的彈性產線。自動化的技術創新，在單機需要有順序控制、自動報警和運轉狀態監視的功能。數台單機連成產線，則需要設備整合、產線管理、狀態監控、彈性派工以及產線連網上傳生產資訊的功能。既有技術隨著控制軟體開放、硬體升級，自動化能力越來越好、越來越快。

工業4.0的智慧化變革，是大量訂製、提高顧客調適能

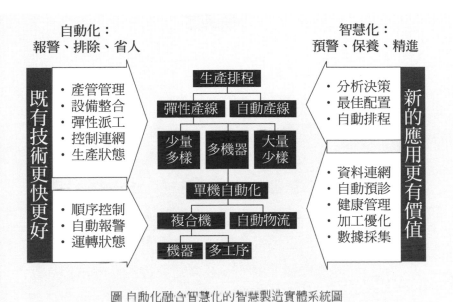

自動化：
報警、排除、省人

智慧化：
預警、保養、精進

既有技術更快更好
- 產管管理
- 設備整合
- 彈性派工
- 控制連網
- 生產狀態

- 順序控制
- 自動報警
- 運轉狀態

新的應用更有價值
- 分析決策
- 最佳配置
- 自動排程

- 資料連網
- 自動預診
- 健康管理
- 加工優化
- 數據採集

生產排程
彈性產線　自動產線
少量多樣　多機器　大量少樣
單機自動化
複合機　自動物流
機器　多工序

圖 自動化融合智慧化的智慧製造實體系統圖

力的解決方案。智慧生產是在自動化基礎下，融入資料收集、加工優化的設備健康管理和自動預診功能。透過設備連網，將生產實態上傳，結合生產需求透過運算，能自動排程與最佳配置，少量多樣也能發揮最大產能，具有分析決策的智慧生產。新應用衍生新技術，創造更大的價值。

　　自動化的產品或產線，當偵測到故障會自動停機、報警，待故障排除後才能繼續生產，這種停機搶修會影響到產能和交期。但更智慧化的產品或產線，發現異常自動預警，在生產空擋期間設備保養與檢修設備，不會無預警停機，對產能和交期沒有干擾。

後記

　　這是一本立足現地現物與現實，談論工業4.0的智慧科技，思考下一波製造業再興的書籍。

　　今年夏天全球興起「the four」熱潮，有一本探討谷歌、蘋果、臉書與亞馬遜（簡稱GAFA）的暢銷書，正被22國翻譯出版。人們也開始關注GAFA之亂。

　　我要說的是，這些超級明星企業活用IoT與AI的流程與亮麗成績，對下一波製造業發展沒有啟發。甚至因為他們扼殺了製造業的差異化，正成為全球低價競爭、低薪風潮的幫兇。

AI為何在製造業舉步維艱？

　　AI活躍雲端，卻在製造業舉步維艱。請設想工廠普遍存在的下列場景：

　　資材課從倉庫移動螺絲等共用小零件到廠區一角，裝配課不僅要負責管理、人員頻繁前往取料，浪費顯著……。

　　大家都知道現場人員「有效產出」的重要，卻很少思考「為何不能？」

「資材課為何不能一次配套送料到工位？」
「生管課為何不能提前知道今天的裝配進度？」
「裝配課為何至今無法落實標準裝配作業流程？」

　　台灣引興和崴立機電，首先打破了多樣少量產品不能實踐TPS的神話。但他們改變的共同特色，是從探尋「為何不能」開始。AI無法思考「為何不能？」

　　TPS最古典的5W1H，就是從追根究柢（why）、找出對策（how），從問題形成結構找出解決方案。亦即先洞察因果關係的原理原則，再動員團隊成員一起達成目標。關於這點，AI不會超越人類。

　　小時候常看到鄉間小孩用竹竿黏取距離地面5公尺高的樹蟬。竹竿是他的工具。應該不會有人問他：「你不擔心會被竹竿取代嗎？」

　　取代人類現有工作的不是AI，而是人類想出來讓AI能夠實踐的新方法。AI的工具特質沒有改變。

　　不論是不讓蟬鳴擾亂長輩午睡、或者是為了好玩，小孩捕蟬的笑容可掬，反映了達成目標的喜悅。這個經驗對比最近學者談論AI或程式教育的重要，頗讓人憂心。我要提醒的是，成敗關鍵可能不只在方法教導，而在問題解決的思考能力，以及促進學生願意思考的喜悅或成就感。

台灣製造創新的三個路徑

有活力的企業的最大特質是「將後製程當作顧客，關注顧客的顧客，甚至最終顧客」，會想方法解決顧客的痛、享受顧客問題被解決的喜悅。AI在這方面，因為無法感同身受，終究是人類解決問題的工具。

相對於精攻網宇系統，反映人口紅利、數據價值、贏者全拿等特質的平台領導企業，立足於實體系統的製造企業，具備樸實無華的剛毅特質。本書主張製造現場應先精實再智慧、學習傾聽顧客的痛、創造差異價值。從立足顧客價值典範的現場創新、生產技術升級、營業創新、跨企業聯盟，進而結合智慧科技，實踐精實智慧製造的3個子系統：製造、開發與客製化。因此，IoT與AI的應用是手段，目的在於結合企業策略與現場改善，解決顧客問題、創造顧客價值。

從這個精實智慧製造角度，台灣製造業的出路包括三個路徑。第一是深耕製造網絡優勢有效解決顧客問題，特別是發展台灣母廠的可持續精實智慧製造能力；第二是深化難以模仿的產品或服務平台；第三是發展精實客製化能力。

整體而言，台灣以第一與第二項優勢在全球佔有一席之地，但正面臨非常嚴酷的挑戰；這正是本書積極主張發展Solution Business，發展第三項優勢的理

由。Solution Business是指不單是銷售產品，同時解決顧客面臨問題，取得高利潤的事業模式。其關鍵不在顧客的採購意願，而在於有能力解決顧客切身之痛，由顧客價值決定售價，追求雙贏。這種透過綿密互動解決顧客問題的能力，諸如結合既有標準模組與流程提案達成客製化要求的能力，還沒有被真正激發與活用。

本書由五位作者執筆，擁有豐富的台灣、日本與韓國精實現場，堪稱特徵。做為製造大國，在超過五年的全球工業4.0風潮下，台、日、韓企業正面臨巨大的壓力。然而，一流精實製造企業所顯現的顧客價值典範、解決問題能力與機制，讓我們印象深刻。這些可持續的現場改善與解決顧客問題能力，一定有機會因為活用智慧科技而得到傳承與發揚光大。

本書原始內容選自2012～2018年《MA》雜誌的「東海精實管理專欄」。配合出版不僅全面進行充實，最近幾經討論所企畫推出的多篇新作，內容更擴及台灣製造業現場的最新調查，以及美國、德國與中國大陸的最新動向，已陸續收到各界的正向回應。

無盡的感謝

感謝台灣區工具機暨零組件工業同業公會嚴瑞雄理事長與卓永財前理事長，在百忙中抽空作序。本書的出版要追溯到2012年東海大學精實系統實驗室的啟用、《工具機產業的精實變革》（中衛）的出版，以及公會邀請開設專欄。共同作者巫茂熾副總經理（友嘉實業），無疑是關鍵人物。結合當時的卓理事長、黃明和會長（M-Team）與朱志洋總裁（友嘉集團）的推薦，不僅著書一年達到3刷的佳績，2013年科技部支持啟動的「精實系統知識應用聯盟」，也成為全國唯一連續三期獲評績優的產學聯盟。

雖然沒能夠一一列名，產業界先進的支持一直是我們最大的力量，謹代表團隊表達十二萬分的感謝。

沒有公會理監事會的出版提議、巫茂熾特助的轉任東海、吳銀澤教授取得教育部獎助到東海大學聯盟基地研修，本書不可能及時並以目前的面貌呈現給讀者。精實服務專家邱創鈞教授的加入、30年夥伴桑原喜代和顧問的支持，則讓本書更臻完整。謹此一併表達感謝。

本書是個人繼《讓競爭者學不像》（遠流）、《世界工廠大移轉》（大寫）之後，由鄭俊平主編操刀的第三本書。他的跨業敏銳嗅覺，經常讓我驚嘆。譬如他

說：「業界對工業4.0期待的不切實際，跟當初的ERP一樣」；我敢說，用掉科技部幾千萬預算的學者團隊，還得不出這個精彩洞察。感謝他在凸顯本書特色的卓越貢獻。

最後，要感謝東海大學精實系統團隊歷年的專任助理、研究生，以及TPS修課學生。我們相信，TPS大會的知識分享與產學合作機制因為樸實而得以綿延，精實智慧製造也因為具備可持續的實踐特質，會有根深葉茂的一天。

劉仁傑
8月28日
寫於東海大學

面對未來的智造者
工業4.0的困惑與下一波製造業再興

劉仁傑（Ren-Jye Liu）、吳銀澤（Eun-Teak Oh）、巫茂熾（Mao-Chih Wu）、
邱創鈞（Chuang-Chun Chiou）、桑原喜代和（Kiyokazu Kuwabara）■ 合著

Complex Chinese edition © 2018 by Briefing Press, a division of And Publishing Ltd.

大寫出版 使用的書 in-Action 書號 HA0090

著　　者 劉仁傑、吳銀澤、巫茂熾、邱創鈞、桑原喜代和
行銷企畫 郭其彬、王綬晨、邱紹溢、陳雅雯、張瓊瑜、余一霞、汪佳穎
大寫出版 鄭俊平、沈依靜、李明瑾
發 行 人 蘇拾平
出 版 者 大寫出版 Briefing Press
發　　行 大雁文化事業股份有限公司
　　　　 電話 (02) 27182001 傳真：(02) 27181258
　　　　 地址 台北市復興北路333號11樓之4
　　　　 讀者服務電郵 andbooks@andbooks.com.tw
　　　　 大雁出版基地官網 www.andbooks.com.tw

初版　刷 2018年10月
定　　價 350元
ISBN 978-957-9689-18-2
版權所有‧翻印必究
Printed in Taiwan‧All Rights Reserved
本書如遇缺頁、購買時即破損等瑕疵，請寄回本社更換

國家圖書館出版品預行編目 (CIP) 資料

面對未來的智造者：工業 4.0 的困惑與下一波製造業再興
／劉仁傑、吳銀澤、巫茂熾、邱創鈞、桑原喜代和 合著
初版／臺北市：大寫出版：大雁文化發行，2018.10
面；公分（使用的書 In Action；HA0090）
ISBN 978-957-9689-18-2（平裝）

1. 製造業 2. 產業發展 3. 趨勢研究

487 107013017

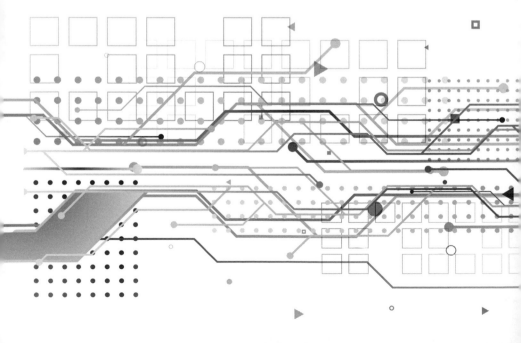

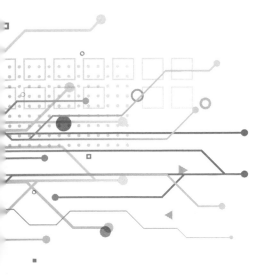

面對未來的智造者